"地 球"系 列

THE
RAINBOW

彩虹

[英] 丹尼尔·麦肯奈尔◎著

杨智丽◎译

上海科学技术文献出版社

Shanghai Scientific and Technological Literature Press

图书在版编目（CIP）数据

彩虹 /（英）丹尼尔·麦肯奈尔著；杨智丽译. —上海：
上海科学技术文献出版社，2022
（"地球"系列）
ISBN 978-7-5439-8473-8

Ⅰ.① 彩… Ⅱ.① 丹…② 杨… Ⅲ.① 虹—普 及 读
物 Ⅳ.① P427.1-49

中国版本图书馆 CIP 数据核字 (2021) 第 223001 号

RAINBOWS

Rainbows:Nature and Culture by Daniel MacCannell was first published by Reaktion
Books in the Earth series, London, UK, 2018. Copyright © Daniel MacCannell 2018

Copyright in the Chinese language translation (Simplified character rights only) ©
2022 Shanghai Scientific & Technological Literature Press

图字：09-2020-503

选题策划：张 树　　　　责任编辑：姜 曼
助理编辑：仲书怡　　　　封面设计：留白文化

彩 虹
CAIHONG
[英]丹尼尔·麦肯奈尔 著　　杨智丽 译
出版发行：上海科学技术文献出版社
地　　址：上海市长乐路 746 号
邮政编码：200040
经　　销：全国新华书店
印　　刷：商务印书馆上海印刷有限公司
开　　本：890mm×1240mm　1/32
印　　张：4.875
字　　数：97 000
版　　次：2022 年 4 月第 1 版　2022 年 4 月第 1 次印刷
书　　号：ISBN 978-7-5439-8473-8
定　　价：58.00 元
http://www.sstlp.com

目录

第一章　彩虹及其形成原理　　　　　　　　　　3

第二章　科学研究史中的彩虹　　　　　　　　　22

第三章　彩虹与神话　　　　　　　　　　　　　51

第四章　文学和音乐中的彩虹　　　　　　　　　69

第五章　绘画和电影艺术中的彩虹　　　　　　　99

第六章　流行文化中的彩虹　　　　　　　　　　125

加利福尼亚州，斯托克顿市，暴雨过后出现的彩虹和云

第一章　彩虹及其形成原理

彩虹不是物体。人们无法接近或触摸，也无法说彩虹实际的大小。每一道彩虹都是太阳光线弯曲的形象，如果没有地球表面的遮挡，彩虹会像太阳一样，是一个完整的圆。每一道彩虹其实都因观测者而异：多个观测者可以同时在大致相同的位置看到相似的彩虹，但是即使他们彼此站在一起，也没有两个人能真正看到完全一致的两道彩虹。这是因为每道彩虹圈的中心都位于一条假想的直线上，这条直线可以延伸到每个观察者的头后，从观察者的眼睛中穿出后，再到地面观察者头顶的阴影上。在常见的儿童书本和广告中，彩虹通常出现在太阳边，或在太阳前方，而根据上述原理，这一画面我们在现实中是完全无法看到的，除非在一个行星上，有多个太阳，才会出现这种情况。此外，彩虹是太阳光穿过空气中的水滴弯曲形成的，这些水滴通常朝着地面运动。因此，即使是静止不动的观察者也无法从一个瞬间到下一瞬间看到同一条彩虹，他看到的是一连串非常相似的彩虹，由一系列新落下的水滴穿过他站立的那部分天空而形成的。然而，虹的厚度或高度始终为2°，并且始终在上述观察者头部的假想线上方

我们能看到成千上万类似的图像，但在现实中，彩虹和太阳永远不可能同时出现

40°—42°，下面将解释原因。

　　由此可见，当太阳在天空处于最低位（即日出或日落经过地平线时），彩虹看起来最大。当太阳在地平线上时，处于海平面的人看到的彩虹只有半圈，如果要看到一道完整的圆形彩虹，那么观测者就需要站在一个很高的有利位置，通常在山顶或在飞机上。同样，太阳在空中的位置越高，观测到的彩虹就会越小。而当太阳向地平线移动超过 42°，彩虹就会完全消失。可能出于上述原因，不知是否有意为之，最畅销的英国科幻小说家道格拉斯·亚当斯将"42"选为"其对生命、宇宙等一切终极问题的幽默答案"。

　　直到 17 世纪欧洲科学界才接受了彩虹由 7 种颜色组成的理论，尽管这一事实并不是在 17 世纪才成立。最里面的色带是紫罗兰色，由下而上分别为靛蓝、蓝色、绿色、黄色和橙色，最上方是红色。事实上，就像黑白的彩虹照片展现出来的一样，彩虹的 7 种颜色互相融合。正是人类的认知，部分因为人类的生物构造，部分因为学科知识，将这几条细色阶分为 7（或其他数量）种，可能是因为一种同色异谱的认知过程结合文化因素（比如一个人说的语言中代表颜色的词语数量）而得出的结论。同色异谱现象指的是一般人的眼睛只有 3 种颜色的光感受器（又名视锥细胞），每一种光感受器都会对特定波长的光有一定敏感度，这些敏感度是高度重合的，但都集中在 440 纳米（蓝光）、540 纳米（绿光）、570 纳米（黄光或橙光）。因此，我们觉察红光（700 纳米）的难度要比上述其他颜色的光更大。当光的波长超过 810 纳米时，我们就完全无法感觉到这种颜色的光了。当然，由于人眼的结构，有人可能会说这是一种缺陷，我们能够看到不同光波组成的相同颜色，我们也能看到客观情况下无法测量出的色块。然而，用上述理由作为解释我们将彩虹视为一组彩色色带的

无论看起来有多不同，组成彩虹的不同色带都是在人脑中产生的

原因，仍然只是一种推测，就像阿里·本-梅纳赫姆解释的那样：

　　"在看到一道彩虹时，人眼和大脑之间发生了什么，我们对此的认知一直在不断地变化。我们看到的事物中，哪一部分是因为物理因素，哪一部分是完全的视觉（眼内）因素，我们仍然未知。"

　　所有真实的彩虹都是由太阳光和水滴（通常但并不全是雨滴）在大气中的相互作用产生的。除雨滴外，在薄雾、雾气、露水和水雾中也能看到虹。对于水分子具体如何影响虹的形状和大小、确切的色调、视觉清晰度和明亮度，我们通过计算机模拟系统对此的理解还处于初期阶

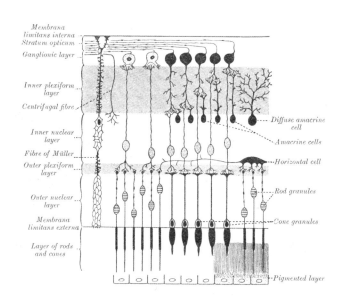

来自《格氏解剖学》（1918）的图表说明人类视网膜内视杆细胞和视锥细胞与其他神经元的关系

在格陵兰岛顶峰研究站出现的雾虹

段。话虽如此，但我们确实知道，只有相对较小的水滴才能造就彩虹明显的"顶部弧度"，而所有大小的水滴都能促成彩虹"底部支撑"，这就是为什么虹越靠近地面越亮。雨滴通常在200—2 000微米间，而可见的雾珠可能只有5微米那么小。正是这种小雾珠产生了所谓的"雾虹"，与普通的彩虹相比，雾虹更宽，但不宜被看到，颜色也很淡，通常被认为是白色。因月光产生的彩虹，名为"月虹"，由于月光只是反射太阳光，因此月虹色带的顺序与普通的彩虹一样。然而，每一次反射都会削弱大量的光，这一现象在反射物体表面不光滑时（包括月球），尤其突出。这点就导致与正常的彩虹相比，月虹不那么明亮，不易被注意到。大气中的冰晶也会形成一系列如彩虹一样的

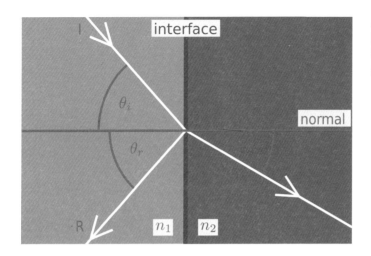

反射图（I-R）和折射图（I-T），其中 n_1 和 n_2 是具有不同折射率的物质

想象，本章结尾处会做简短陈述。

经过数个世纪的实验和争论，人们才确定主虹是由单滴雨滴经过两次折射和一次反射后形成的，而大多数早期观察家则辩称，彩虹是完全经过反射或完全经过折射形成的，或认为彩虹并不是由雨滴形成的，而是由整片云层，或甚至是整个"穹形天空"形成的。这些争论会在第二章中详细介绍，不过现在，人们仍然广泛接受 17 世纪得出的结论。

至关重要的是，光线在水滴内部及其表面均有出现反射现象。当太阳光照射到一滴雨滴时，其中一些光线在水滴表面发生反射（从彩虹形成的角度来看）而消失。另一些光线则进入到水滴内部，到某一点形成折射———一个光学过程，当人进入泳池，腿会看上去弯曲或与身体分离，这就是折射现象。如果光线从水滴"北半球"的中间纬度射入，会向下形成约 13° 角的折射，而如果光线从水滴

"南半球"的中间纬度射入，则会向上形成 13° 角的折射。折射的根本原因是水和空气两种介质的密度差异巨大。所以当光线从空气射入水中时，光速会从每秒 3 亿米急剧降低至每秒 2.26 亿米，从而导致光的方向发生轻微变化。一个非常形象的类比就是，当左侧车轮突然沾到潮湿的泥水，而右侧车轮却没有沾到时，车子会向左打滑。与反射角为固定角度不同，折射角并不固定，其大小不仅取决于光密介质是水还是玻璃，温水还是冷水，很大程度上，还取决于太阳光照射到水的表面发生的倾斜度（即入射角）：如果光以 15° 的入射角斜射入水中，折射角则小于 12°，如果入射角为 60°，折射角则大于 40°。下表列出了一次实验中记录的代表性数值：

实验中光线入射角与折射角的记录数值表

入射角（°）	折射角（°）
0.0	0.0
5.0	3.8
10.0	7.5
15.0	11.2
20.0	14.9
25.0	18.5
30.0	22.1
35.0	25.5
40.0	28.9
45.0	32.1
50.0	35.2
55.0	38.0
60.0	40.6
65.0	43.0

（续表）

入射角（°）	折射角（°）
70.0	45.0
75.0	46.6
80.0	47.8
85.0	48.5

　　光在进入水滴时首先会发生弯曲到达水滴的另一边，随后以相同角度反射回来，也就是说如果光以 29° 角向上射入，则以 29° 向下反射，依次类推。随后，光离开水滴回到空气，由于空气密度更低，光会发生第二次折射。

　　所有这些反射和折射的结果是，在这滴水滴上半部分会有一个特殊的点，射入的太阳光只要高于这个点，最后从水滴下半部分射出时大约集中在相同的角度。现在，这些光线大致会朝着观察者和太阳射去，但不再完全平行，而是仍然保持紧密且几乎平行的方式，并且始终与最初射

2013 年，斯特拉特福运河流域上空出现的全弧双彩虹

2014 年出现在苏格兰金卡丁郡班科里上空的彩虹和霓

入水滴的那条线保持向下 41° 左右。

我们之所以说 41° 左右，是因为每种颜色在折射角度上，会存在一些细微的差异，这种现象被称为"光的色散。"

色散现象导致蓝紫光会以 40° 左右的角度从水滴中射出，红光会以 42° 左右的角度射出，而组成彩虹的其他颜色的光则在 40°—42° 之间射出。这就解释了为什么第一道彩虹角度呈现 2° 左右的厚度或高度，以及为什么彩虹是多色而非白色的事实。

彩虹通常会被更大但较暗的"副虹"（又称"霓"，译者注）包围，副虹的颜色顺序（与主虹）相反，红色在

最内层，紫色在最外层，并且通常在太阳或观察者上方
51°～54°（也就是说，比主虹宽1°或厚约50%）。这是因
为光线在水滴内发生了两次内反射，而不是只反射一次，
但仍然经历了两次折射，一次在进入水滴时，一次在离开
水滴时。第三道彩虹、第四道彩虹、第五道彩虹都存在。
第三道彩虹和第四道彩虹会出现在观察者的背部，第五道
彩虹通常在主虹与副虹之间。然而，由于每新增一道彩虹
都需要光线在水滴内多发生一次内反射，因此这类第三、
第四、第五道彩虹都会变得更黯淡而不易被看见，这点无
可避免。尽管在实验室条件下，利用激光束创造出了多达
200阶的彩虹，但直到2011年，人们才成功拍摄到自然形
成的第三道彩虹或第四道彩虹，而第一张确认是自然形成
的第五道彩虹照片似乎是在2016年拍摄到的。

　　第三道彩虹、第四道彩虹和第五道彩虹不能与多余虹

詹姆斯·吉尔雷
的讽刺画《托马
斯·杨的实验》，
1802年

混淆，多余虹（通常为蓝色或绿色）有时会出现在主虹正下方的额外色带，如摄于苏格兰的阿维莫尔的照片。这些多余虹无法用因发生额外的反射而形成的原理来解释，也确实不具备几何光学的特征，几何光学已经证明其完全无法用以解释多余虹。事实上，多余虹产生于相消干扰，两条波或脉冲，不管是光波、声波、水波或其他波，在向相反方向传播时会立即相互抵消。多余虹的存在确实对于光的波动学说的完整性至关重要，光的波动学说由托马斯·杨（1773—1829）在19世纪前十年提出。现代模拟实验发现，当大气中的水滴小而均匀（理想情况在直径为650微米到750微米之间）时，最有可能看到多余虹。

当太阳在天空中非常低的时候，有机会可以到一条全红色的彩虹。这是由于长波长的红光穿过大气层的时间更长，不会像短波长的绿光和蓝光因尘埃和其他大气颗粒而发生更强烈的散射。

2007 年出现在因弗
内斯阿维莫尔上方
带有多余虹的彩虹

彩 虹

同样，只有光的波动学说才能解释为什么有时在日出
和日落时才能看到全红彩虹。这是因为一天当中只有这两
个时间段，太阳光倾斜角度大，能够在地球的低层大气中
传播相当长的距离，在低层大气中，光波会被空气分子和
尘埃散射。波长短的蓝光和绿光散射最强烈，导致剩下的
透射光会相应地富含红光和黄光。

与彩虹和月虹一样，彩虹光环或布罗肯现象也是由于
大气水滴形成的，观察者头部的阴影会在光环中间。但
是，彩虹光环比彩虹小得多，在 5°～20° 之间，并且通常
呈现一系列同心的彩虹圈，每个圆的最外面是红色。最重
要的是，只有水颗粒低于观测者，他才能看到彩虹光环。
但彩虹光环的成因仍不明确，尽管巴西物理学家赫奇·莫
伊赛斯·纳森兹维格基于量子隧穿现象提出了一种解释。

2005 年，出现在加拿大的彩虹光环。只有水颗粒低于观测者，他才能看到彩虹光环，虽然基于量子隧穿理论对此现象提出了一种解释，但其成因仍不明确

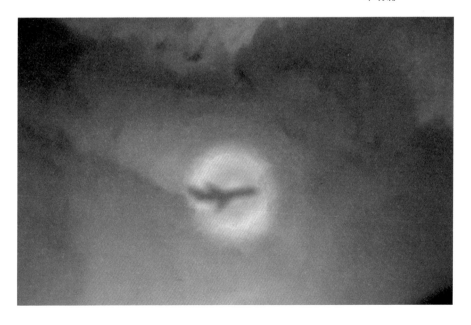

22°光晕（上方）和
环地平弧（下方）

也可能是因为此贡献，赫奇在1986年获得了美国光学学会的玻恩奖。

从科学上说，天空中出现的大多数类似彩虹的现象是由冰晶而不是水滴引起的，因此这类现象与彩虹截然不同。在高空中，冰在云层中很常见，如果融化了则会下雨，反之则会下雪。由于水的基本分子结构，大多数冰晶形状是六角形。六角形冰晶有两种基本的形状——柱形和板形。这两种形状的六角形都起着棱镜的作用，相对比例和位置都能够解释大部分大气效应。其一就是光晕或光环，一个视角半径为22°的圆环（内红外紫）在月亮或太阳周围都能形成。光晕由六角板形冰晶产生，随着冰晶的平面向上向下翻动，理想情况在完全水平的1°内翻转，太阳光穿过一个垂直平面，随后从另一边垂直平面离开。日晕，又称为"幻日"和"假日"，是明亮的圆形或长方

2014 年，埃文河畔
的光晕

2009 年 1 月南极，全圆光晕与幻日

形彩虹色块，出现在太阳一侧或两侧 22° 的位置，但通常都在水平线以上，在太阳的某一位置整齐排列在同一高度，其红色色带最接近太阳。此时，六角板形冰晶再次平面向下，幻日的高度取决于稳定冰晶的数量，稳定的冰晶越多，幻日就越圆。光晕和幻日经常同时被看到，如 2009 年 1 月在南极拍摄到的照片。

用"火彩虹"作为环地平弧的通用术语尤其不恰当，因为这一现象也是由太阳光穿入水平的六角冰晶的侧面形成的。

在这种情况下，太阳光从冰晶的侧面射入，从其底部穿出。环地平弧几乎与地平线平行，出现在中纬度地区（比如地中海区域和美国南部）的频率比出现在北欧或赤道附近的频率高。"火彩虹"有时还会用以描述虹彩云，这点更令人迷惑。虹彩云是由光的干涉而不是（光在水或者冰的）折射形成的，且有各种不同的形状。综上所述的火彩虹形成的过程、大气媒介都与真正的彩虹不同，而随着观察者的移动，它们的颜色也会改变，这就进一步与真正的彩虹区别开。

　　六角柱形冰晶如果处于水平方向，太阳光从六角柱形的角和长方形的面之间穿梭时，会形成外侧晕弧和上侧晕弧。随着太阳高度的变化，这些不常见的弧的形状会发生明显的变化。如果太阳高于32°，这些弧就能完全被看到。最后，环天顶弧或称布拉维弧，看上去像上下颠倒的模糊彩虹，是由高度在5 500米—12 000米之间卷云中的冰晶（在这种情况下，由板状冰晶）形成的。通常，只有在静止的空气中，太阳在地平线上方至少5°但低于22°时，人们才能看到环天顶弧。

　　对于彩虹会在何时、何地出现的原因，及其形成原

所谓的"火彩虹"

理，我们取得现如今的理解远非只是"简单"或"复杂"两个词可以概括，而是一个漫长且曲折的故事：充满了错误的开始，走入过死胡同，也偶尔出现过疯狂的举动，但伴随着独到的见解和不断的实验，最终我们得到了（至少现在看来）正确的答案。下一章，我们会讲述这一旅程。

第二章 科学研究史中的彩虹

我们在周一、周三和周五使用经典理论，

而在周二、周四和周六使用量子理论。

——威廉·亨利·布拉格

关于使用科学方法探究自然世界的确切起源仍有些争议，争议点在于科学方法源自古埃及，或 17 世纪欧洲，抑或是介于两者之间的某个时间。不管是哪个时间，把彩虹作为科学现象来研究的历史与科学本身的历史是高度同步的。亚里士多德的彩虹理论可以追溯到公元前 4 世纪，这要归功于更早期的作者，特别是阿那克萨哥拉（卒于公元前 428 年）、阿那克西米尼（公元前 550 年在世）和赫西俄德（公元前 700 年在世）。虽然该理论存在一个致命的错误——"避免实验"是亚里士多德关于彩虹的方法论核心，但该理论的细节程度和对后代的影响力非凡。因此，虹作为科学研究对象的历史很大程度上是关于亚里士多德理论 2 000 年来被接受、丢失、重拾、重新接受和逐渐放弃的历程。与这条从顺从到自信的漫长却精彩的探寻之路相比，17 世纪现代彩虹（理论）的到来就好像是

约 1725 年炼金术文本中的彩虹，图中有彩虹、龙、恶魔和战士

突然间的爆炸一样，自那以后，我们对彩虹的认知相对提升，也相对缓慢。虽然在本章的篇幅范围内无法完整讲述所有已知的前现代彩虹理论和实验，但是，对于这一非同寻常的现象的研究，我们可以追溯到最重要的转折点和死胡同。

亚里士多德：不成熟的解决方案成为新问题

亚里士多德生活在公元前 4 世纪，他正确地理解了彩虹的几大方面，比如：如果大气中没有水滴存在，就不会有彩虹出现；彩虹、观测者和太阳三者的位置存在"几何一致性"；虹的形状也可以从几何学角度进行解释。他认为，虹只有三种颜色组成——红色、绿色和紫罗兰色——这一观点本身未必是错误的，因为这类判断某种程度上是基于文化背景做出的。然而，他对虹的解释中其他方面是有明显问题的，比如他坚信这三种颜色每一种都是白色和黑色的混合色（只是比例不同），红色是三种颜色中包含白色最多的颜色，而紫色则是最少的。无论如何，这些都是真实存在的颜色。亚里士多德在彩虹中也看到了黄色，但仅将其认为是感觉。

"虹正好由三种颜色组成"的这一观念被认为是非科学或伪科学的判断，包括将事件分为三部分（开头、中间和结尾），将空间分为三个维度。亚里士多德进一步认为，彩虹的红色色带在主虹中最宽，而在副虹中最窄。尽管他意识到了折射的存在，甚至认为这一过程对于颜色的产生可能有效，但他从未明确表示彩虹的形成除了反射还有其他现象。亚里士多德违背了自己的观点，即太阳比地球大，他还将反射用于更宽泛的解释，以此说明为什么人们到处可见日光，而不是在那些太阳光直射的地方才能看到。他认识到，反射是根据某些自然规律形成的，但对于具体是哪些自然规律，他很少或几乎没有兴趣去了解，而

1496 年亚里士多德《物理学》法语版中，他指向天堂

亚里士多德在其一生中只要听说欧几里得的定律，他要么选择立即拒绝，要么完全无视。

同时，亚里士多德还认为每一次反射都意味着原始图像的剧烈削弱（例如在他熟悉的原始金属镜子中），因此，他认为不会存在三级虹。根据他们创造副虹所做出的努力，要创造三级虹，反射出的图像就太弱了。（这一点并未困扰大多数亚里士多德理论的追随者，如果副虹仅仅

只是主虹的反射，那应该是 U 形，而不是第二条更大的拱形。)

亚里士多德认为，副虹的红色色带更显眼，是因为这条色带相对地面最低，相对观测者也最近。然而，这一解释被以下事实推翻：根据亚里士多德的计算，主虹的红色色带离观测者最远却最亮。所以，在解释主虹时，他用了一个单独的论点，最外且最高的那层红色色带最亮，这是因为红色色带最大，就像赛道最外圈最长一样，因此红色色带最有机会形成反射现象。但很显然，这两种解释无法互相调和。亚里士多德也没有花太多时间在山上观察彩虹，因为他坚持认为彩虹不会形成一个完整的圆形，也不会形成比半圆形更大的任何弓形。

想象中的亚里士多德、托勒密和哥白尼之间的对话。由斯蒂凡诺·德拉·贝拉（1610—1664）于 1632 年刻制

最重要的是，亚里士多德还坚持认为彩虹总是从云层反射，这也阻碍了后期观测者正确理解彩虹的原理。但这一观点是亚里士多德对阿那克西米尼作品的回应，早在两个世纪前，阿那克西米尼就曾提出过彩虹是阳光从无法穿透的云层返回到观测者眼中而形成的。然而，对亚里士多德来说，产生彩虹的水滴之所以形成反射，是因为水滴虽然像家用镜子一样扁平而不是球形或球体，但它们太小

了，无法反射太阳的实际样子，而且只能通过反射太阳的颜色来代替太阳的图像。至关重要的是，亚里士多德脑海中的云和太阳以及被我们现代人称为天空和外太空中的所有物体都附着在假想球体的内部，观测者在其中心，因为这些云的形状必然是凹陷的。

关于彩虹的形成是完全基于反射这一观点存在很多问题，其中最大的问题是，如果彩虹真的完全基于反射而形成，那么应该随着太阳升起而上升，太阳落下而下降，而不是在太阳落下时上升，升起时下降，而现实生活中的彩虹确实随太阳而变化。亚里士多德观点的另一个重要含义是，无论观测者怎样移动，彩虹到观测者的距离与观测者到太阳的距离完全相同。尽管当时的人们习惯于认为天空是扁平的地球穹顶，但也有人好奇，亚里士多德的这一观点是否也会困扰那一代人。

亚里士多德后的古代时期

虽然波西东尼在公元前 2 世纪对亚里士多德彩虹理论的一些细微方面提出了异议，但第一个最主要的挑战来自塞涅卡（卒于公元前 65 年），他攻击了亚里士多德的原始理论，从根本上质疑了亚里士多德理论。如果彩虹真的是由云中的一些水滴传播阳光而另一些水滴不传播阳光所形成的，塞涅卡问道，那为什么虹不是只有浅色和深色两种颜色。虽然塞涅卡起初暂时接受了亚里士多德的观点，认为彩虹的形状是由像凹圆镜子的云朵形成的，但他仍然一直对于彩虹在颜色和形状上都不像太阳这一事实存有质疑。他还从一开始就坚决否认彩虹可以由太阳在云中的反射而形成的，理由是云中不含有任何雨滴，只含有后来产生雨滴的物质。此外，很显然，彩虹并没有形成实际的颜色，而仅仅只是出现虚幻的颜色，即只要鸽子改变位置，其脖子就会出现或消失。镜子的原理也是如此，其实并不存在真实的颜色，只是复制某种东西的颜色。

阿佛罗狄西亚的亚历山大（公元前 200 年在世）是古希腊对亚里士多德作品的杰出评论家。他提出了一个问

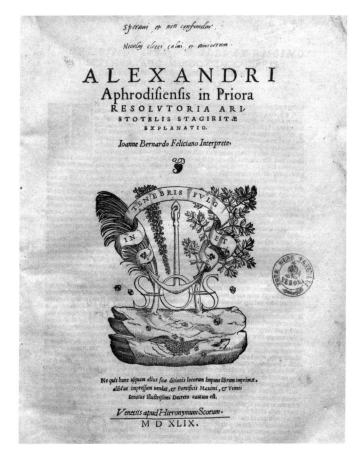

1549 年亚历山大
威尼斯版《评注》

亚历山大带（两虹之间的暗区）的清晰图像，以亚历山大的名字命名，他将其作为早期挑战亚里士多德严重错误的彩虹理论的重要部分

题，直戳亚里士多德对主虹最上层色带最亮，副虹下层色带最亮的双重解释，该解释充满了疑点，为什么主虹和副虹之间的整个区域也不全是红色。的确，为什么这片区域看起来比主虹内部或副虹外部要更暗。两条虹之间这片更暗的区域至今仍被称为亚历山大带。但这一挑战在当时超乎寻常。奥里姆皮奥多鲁斯为亚里士多德理论提供了坚定的系统性辩护，西方的作者也大多效仿其做法，直到罗马衰落后，希腊语言知识（亚里士多德的直接学说也随即）快速消失了。

7世纪，尽管有人提出，三色彩虹与三位一体相匹配，但许多思想家仍然认为，彩虹包含四种颜色，分别对应四种元素。但是他们对于哪四种颜色分别代表哪四种元素的意见不合。比如，伊西多尔（卒于636年）认为虹的红色、紫色、黑色和白色分别代表火、水、土和空气，而有人则将彩虹的红色、蓝色、绿色和棕色视为同一种元素。但当时，欧洲对虹其他方面的研究实际上暂停了。

彩虹研究

埃及托勒密二世（公元前283—公元前246年）购买了大量亚里士多德的书籍，加上该地区不断使用希腊语，这可能推动了亚里士多德彩虹理论在东地中海区域的发展。但是，公元前7世纪，一些理论的出现为亚里士多德的彩虹著作和许多其他古希腊科学著作研究注入新的生机。820年，叙利亚学者阿尤布·阿尔·鲁哈维，自亚历山大后第一次认真提出要背离亚里士多德理论。阿尤布·阿尔·鲁哈维并没有质疑天空是穹形的，或特别指出天空"在我们看来是个穹顶"，但他拒绝接受亚里士多德明显的错误假设，即人们只会在一片云层看到彩虹。但他仍然认为，彩虹只由反射形成，不过，是由空气中"薄""厚"的不同湿度（即使在裸眼看来是晴朗的空气）反射而成。与亚里士多德一样，阿尤布·阿尔·鲁哈维同样认为彩虹由三种颜色组成，但在他看来，黄色代替了紫色，而对于为什么会产生三种不同的颜色，他再次选择用相当模糊的"湿度"来解释这一原因。

然而，在后期学者所提供的研究进步中，上述观点只是一个很小的开头。波斯的伊本·西拿（卒于1037年），在西方被称为阿维森纳，基于自己的观察拒绝接受云镜概念，并进一步论证说，大气中的水滴是形成彩虹的必要条件，而非只是充分条件。虽然他接受虹是亚里士多德指出的三种颜色组成，但是他仍受主副虹的颜色顺序颠倒的困扰，因为他认为，不管是亚里士多德理论，还是他自己的理论，都无法解释这一现象。

与伊本·西拿同时代、生于巴士拉的伊本·海赛姆（又名"阿尔哈曾"，卒于 1039 年），将"反射"的概念带入了这一问题。通过精心设计的水玻璃球实验，海赛姆建立了第一个有关光的折射弯曲的数学规律。虽然这些定律并不完全正确，他也并未将其运用于亚里士多德彩虹解释，但是这些规则为之后用类似方法进行试验奠定了基础。尤其是，库特布丁·设拉子（1236—1311）一下子揭示了彩虹光学的本质，即彩虹是由光在雨滴内的两次折射和一次反射所形成的。在欧洲，不幸的是，库特布丁·设拉子前所未有的发现几乎不为人所知，即使被人们知晓，也不得不与亚里士多德的原始理论进行正面对抗，而亚里士多德原始理论在西方正重新为人们所发现。

西方国家对亚里士多德理论的重新发现

随着西班牙在 11 世纪征服托莱多市，一个巨大的图书馆藏有亚里士多德、欧几里得和亚历山大的作品，以及伊本·西拿等作家，突然被西方知晓。从 12 世纪中叶开始，欧洲便掀起了一股建立大学的狂潮，新翻译的科学文献便供应这些大学的课程。正如许多其他的科学领域，中世纪大学对亚里士多德普遍的支持都源于其彩虹理论。然而，一位在牛津工作的巴黎大学毕业生格罗斯泰斯特（卒于 1253 年），却是第一个提出彩虹理论中包含折射的西方人。由反射形成的彩虹会随着太阳同步升降，而非与之相反，从这一问题出发，格罗斯泰斯特提出折射才应该是彩虹形成过程中的关键。而且，格罗斯泰斯特把自己发现的三次折射系列，归结为观测者身后近乎圆形的云，这或许是当时对亚里士多德最大的背离。然而，在一个甚至连一些作者都会感到困扰的复杂描述中，格罗斯泰斯特的折射云必须在一些地方是凹的，在另一些地方是凸的。这是从地面斜射向圆形的云，还是从倒扣碗形的云向下射至地球中心，现代专家对此有强烈的争议。但无论哪种情况，格罗斯泰斯特的彩虹都有些类似亚里士多德的彩虹，而前者"就像在屏幕上被投射"到（第二朵）云上。但与亚里士多德的理论相反，这朵云可以外凸，而不能内凹。换句话说，古代的穹顶天堂概念并没有包括在格罗斯泰斯特的解释中。坦率地说，令人惊讶的是，人们长久以来都相信，所有彩虹都是投射到（或是从）世界外沿。因为，正如菲利普·费希尔诗意的表达：

> "彩虹永远是……出现在地球上的属于天堂的一部分，就在上空，触摸着邻居的谷仓和那棵熟悉的树，在山前，比最近的城镇更近。"

然而，正如我们看到的那样，这一观点在格罗斯泰斯特去世后，在学界继续流行了几个世纪。

银质花瓶上伊本·西拿的传统肖像

伊本·海赛姆(阿尔哈曾)1572年版的《光学宝鉴》中的场景说明了光的各种特性

　　尽管格罗斯泰斯特早就意识到折射在彩虹的形成中起着一定作用,但他还是主要关注虹的形状,对于彩虹的颜色,他只留下了一个提示,暗示他可能已经将其与折射联系起来。此外,他放弃了亚里士多德穹顶天堂的想法,或者任何认为彩虹是出现在该穹顶内表面的概念。格罗斯泰斯特也抛弃了彩虹会随着观测者的移动而移动这一事实的唯一现存解释,也就是说,彩虹像太阳一样遥远。尽管格罗斯泰斯特的彩虹理论曲折、粗糙,最终也是相当错误的,但是其理论必须算是在正确的方向上迈出的重要一步,因为这可能是第一个从根本上挑战亚里士多德的理

13 世纪利用充满水的玻璃球进行的光学实验，这次实验归功于罗吉尔·培根及其老师格罗斯泰斯特

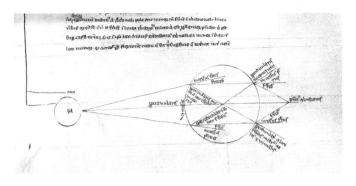

论，当然也是第一个向广大欧洲观众展示以折射为基础去解释虹的理论。

　　在大阿尔伯图斯（卒于 1280 年）编著的彩虹理论史中，格罗斯泰斯特的湿度金字塔概念被采纳——有些人会说对彩虹"正确"解释的一部分是抄袭。坎特伯雷大主教佩克姆（卒于 1292 年）也接受了该理论。但是，格罗斯泰斯特的真知灼见，即折射在彩虹形成过程中起了主要作用，这一贡献直到最近才被认可。维泰洛（于 1270 年在世）是一位研究伊本·海赛姆著作的专家。维泰洛真正具有独创性的贡献有以下两个方面。首先，他提出的观点如同时代的库特布丁的观点，只是维泰洛面向欧洲观众。他认为彩虹在形成的过程中经历了折射和反射。然而，维泰洛的这一理论远不如库特布的完整，因为维泰洛假定了多个水滴之间发生了相互作用，折射发生在水滴内部，而反射发生在水滴外部。其次，维泰洛坚持要通过仪器实验来研究折射，而不是基于先前学者倾向于依赖的假设和类比来研究。

　　维泰洛最主要的对手是欧洲同时代人罗吉尔·培根

（卒于 1292 年），他曾是牛津大学格罗斯泰斯特的学生。由于培根拒绝接受彩虹形成过程中有折射存在，而且坚持认为仅通过反射就能形成彩虹，为此他常受到人们的嘲笑。培根关于彩虹其他方面的观点也被批评为完全"中世纪"，例如，他将彩虹颜色的数量扩大到五种——红色、蓝色、绿色、黑色和白色，但理由是人眼包含"五个主体、三种体液和两种外膜"。尽管如此，培根还是对不断激烈的争辩做出了四大贡献。第一，他以充分的理由否定了折射，对格罗斯泰斯特折射理论中一些更为荒谬的方面提出了合理的批评。例如，彩虹能够出现在小的局部喷水中，这就排除了格罗斯泰斯特认为的从一个特殊的云锥进行的三重折射，即使真的存在这种云锥，也很难存在于室内。第二，培根通过直接观察确定虹的最大高度为 42°，这个数字非常接近于正确值，并且在近 4 个世纪内都没有出现过更准确的数字。第三，他指出，如果两个人站在北部观察彩虹，其中一个人向西移动，则彩虹将平行于他移动；如果另一个人向东移动，彩虹也将平行于他移动；如果他站着不动，彩虹也将保持静止。因此，显而易见的是，彩虹的数量和观测者的数量一样多……每个观测者看到的都是属于自己的彩虹。

当然，这与格罗斯泰斯特及其许多

维泰洛 1535 年雕刻标题页，维泰洛是最早提出彩虹形成过程中包含折射和反射现象的，折射需要通过正式实验研究

前辈所提倡的"虹是投射在屏幕上"的这一观点背道而驰，但培根的这个观点却是完全正确的。最后，培根呼吁人们要去注意单滴水滴的作用，他认为彩虹出现在每一个观测者不同的水滴中。但是，正如林德伯格所提醒的那样，一个关键的问题仍然没有得到回答：

> "为什么彩虹是弧形而不是彩色的圆（或半圆）？这一现象并不是简单的一个折射理论或反射理论能够完整解释的。"

从西奥多里克到笛卡尔的"现代"理论

在 1304 年或更早的时候，主要受到海赛姆著作的影响，一位说德语的多米尼加牧师和弗莱伯格·西奥多里克（约卒于 1310 年）进行了一系列实验，其中包含使用充满水的玻璃球来模拟雨滴。虽然西奥多里克方法对未来研究很有意义，但其研究结果却使他充分认为，彩虹将总是以红色、黄色、绿色、蓝色这样的颜色顺序出现。此外，他有效解释了主副虹的相对位置，解释了为什么亚历山大带要比两条虹外侧区域更暗，为什么副虹色带的颜色顺序相反。最重要的是，解释了为什么通过一定数量和顺序的折射和反射会产生两条虹。人们已经不再认为形成彩虹需要一朵未知的反射（或折射）云了。可能部分是受到罗吉尔·培根思想的启发，西奥多里克最初决定将研究集中在雨滴上，但不管怎样，他都是一位多产的学者，除库特布丁外，他"可能熟悉 13 世纪所有写过彩虹主题的作家"。

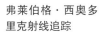

弗莱伯格·西奥多
里克射线追踪

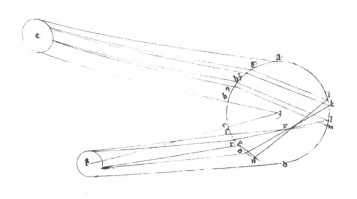

　　尽管在许多方面，西奥多里克对彩虹的看法是正确
的，但在其他一些方面却是大错特错。与培根提供的几乎
正确的测量结果相反，西奥多里克测得主虹的高度仅为
22°，而副虹的高度为33°。与格罗斯泰斯特不同，西奥多
里克含蓄地接受了亚里士多德式穹顶天堂的思想，甚至更
有过于这一思想，因为其降雨模型暗示着雨滴不是直接落
到地面上，而是沿着与世界"屋顶"相同的曲率，或者他
所谓的"等高圈"落下的。他认为，彩虹仅包含红、黄、
绿和蓝四种颜色，并且似乎还认为太阳光线不是互相平行
的，而是从太阳向外呈一列散开，也许是在暗示地球比太
阳还大。然而，这一切都不应否认这样一个事实，即西奥
多里克关于彩虹形成的问题上，其质的见解基本上是正确
的，而只是在量的细节上是错误的。

　　据广泛记载，西奥多里克的几大突破不幸被遗忘了5
个世纪，直到吉安巴蒂斯塔·文图里在1814年发现并将
其出版后，震惊了世界。这个特别的故事与广为流传的
观点非常吻合，即人们认为有关彩虹的第一个理论是笛卡

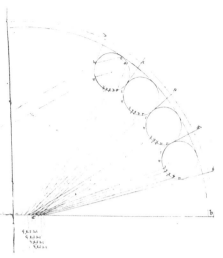

这张图清晰地显示了传统的"穹顶天堂"概念，这给西奥多里克的彩虹理论增添了一层不必要的复杂性

尔在 1637 年提出的。事实上，1500—1700 年出版的关于彩虹的书比之前或之后的任何时期都要多，但是公平地说，这些书中大部分是非科学著作，专门讨论预言、炼金术等，即使是在那些被认为是科学界人士的著作中也是如此。当然，在 16 世纪和 17 世纪，毛罗利科（1494—1575）等人对亚里士多德式仅通过反射形成的彩虹进行了坚定的阐述。

毛罗利科抨击佩卡姆和维泰洛理论的晦涩和模糊性，并自己提出了一个理论，尽管该理论在某些方面是正确的，但从根本上说，该理论要求太阳光必须在一个垂直于地球表面的假想平面上存在"终点"。实际上，他用一个倒扣的盒子代替了古人的倒扣碗来形容天堂。然而，认为西奥多里克的彩虹理论已完全消失的说法并不完全正确，因为其理论显然已为犹太人泰莫（于 1360 年在世）、雷吉奥蒙塔努斯（1436—1476）和约多库斯·特鲁夫特（于1514年在世）所熟知，甚至在特鲁夫特时代及往后，该理论曾在埃尔福特大学教授过。多米尼斯（1560—1624）神秘地对主虹的形成做出了更好的解释，并且优于1637年前发表的解释，而直到1637年笛卡尔才给出了主副虹正确的基本理论。但是，要说多米尼斯1611年的贡献是神秘的，只是因为我们认为西奥多里克的彩虹理论在当时已完全消失，而现在我们认识到，多米尼斯的贡献只是西奥多里克理论的一个"有些扭曲"的版本，其最大的缺陷是"忽略了这样一个事实，即光线从雨滴中射出和进入时都必须经历折射"。

开普勒是从一个绝对偏斜的方向看待彩虹问题：探索如何将音乐和数学的和谐运用到色彩的奥秘中。但也许，在他对彩虹现象的观点中，最卓越的方面就是他认为，彩虹随着时间的变化而变化。

开普勒在1599年左右的著作中，把彩虹的颜色比作音乐八度音阶的无限音调。彩虹由黄色经红色到黑色的变暗过程是由云层中的粗糙物质造成的，而虹由黄色经绿色、蓝色、紫色和紫罗兰的变亮过程则是由于折射作用造成的。显然，开普勒最初遵循亚里士多德的观点，认为这种现象是由观测者前方的云

开普勒将6个已知的行星分别与一个特定的音阶相联系，也将彩虹的颜色比作音乐八度音阶的无限音调

朵（云朵作为一个整体）导致的。此外，开普勒在早期指的"折射"，可能只是再现古人常常混乱地将"反射"和"折射"作为同义词来使用。到 1604 年，开普勒完全改变了自己的论调，并支持格罗斯泰斯特的极端观点，即彩虹是由光线穿过位于太阳和观测者背部之间的云层折射而成的。在此之后，开普勒首次采取雨滴模型实验，这让他得出结论，彩虹的颜色"似乎取决于入射角的大小"，并与牛津数学家托马斯·哈里奥特（1560—1621）建立了联系，哈里奥特在 1597 年至 1606 年间确定——但并未公开发表——折射定律。然而，即使在与哈里奥特进行思想交流后，开普勒关于雨滴内折射和反射的研究还是受到了一个假设的阻碍，这一假设与许多前人（古代和近代）提出的一样，即主虹的半径是 45°，而不是 42°。开普勒并没有意识到这才是问题所在，而是将其折射光线计算中的错误归咎于水温的变化。虽然开普勒关于折射随水温升高而降低的说法是对的，但这一现象造成的影响太小，无法解释其研究中带来的差异。

如前所述，笛卡尔（1596—1650）也许是最被人们广泛认为是破解彩虹秘密的人，即使现在没有人敢说他是第一个尝试这么做的人。然而，或因为如此，"很少有科学家更频繁地受到抄袭的指控"。虽然"很有可能笛卡尔甚至从未看过"多米尼斯的著作，但戈特弗里德·莱布尼茨（1646—1716）和牛顿（1643—1727）等人都指控笛卡尔抄袭了多米尼斯的作品。一直到 20 世纪中期，人们都"广泛地认为"笛卡尔不正义，不承认自己的智慧结晶源于多米尼斯。但是彩虹理论和实验的杰出历史学家卡尔·波耶 1952 年总结道：

> "笛卡尔误以为自己是第一个通过实验来研究彩虹的人，这个实验用的是一个大球形的水球作为放大的雨滴。"

笛卡尔也可能独立地得出了正确的折射定律，尽管威理博·司乃耳（1580—1626）曾在莱顿大学教授过这一定律，但司乃耳在笛卡尔开始研究彩虹前几年就去世。笛卡尔和司乃耳之间的主要区别在于，笛卡尔知道自己找到了一个完全通用和有力的描述来形容光在透明介质中的传播路径。然而，这两个人都没有想过把光线偏离的精确角度和彩虹的颜色联系起来。

尽管笛卡尔基本不喜欢上手做实验，但他也没有完全拒绝，在彩虹问题上，他进行了无休止的观察。在哥伦布和麦哲伦的航行之后，人们不再真正相信"穹顶天堂"。但在彩虹研究领域，笛卡儿的实验最终一劳永逸，其实验表明，决定观测者看到的彩虹颜色的，只是观察的角度，而非雨滴和观测者之间的直线距离。对西奥多里克理论正确的方面，笛卡尔补充了一个重要的发现，在球形水滴上方的附近，有一个特定的点，所有在该点及其上方进入水滴的光线（通过折射、反射和折射的正确顺序），在从水滴下半部分射出时，会以大致相同的角度聚焦。也就是说，这些光线会回到太阳和观测者的大致方向上，但几乎而不是完全平行地形成一道紧密的光束，比太阳光第一次射入水滴时低 40°～42°。简单说，在射出角度接近 41°时，太阳光的聚焦会产生彩虹。笛卡尔也开始意识到，这一光线聚焦现象的另一面。在 9° 的彩虹间区域内，天空缺乏光线，这就是被称为"亚历山大带"的区域。

　　古代和中世纪的著作家已经意识到棱镜的作用，甚至用棱镜进行了实验，但他们倾向于拒绝接受光谱与彩虹的关系，认为两者只是表面看着相关，而非真正相关。这是由于人们的一种普遍看法，即彩虹仅仅是视错觉，而棱镜光谱可以投射到墙壁上，人们能够接近和触摸，因此是真实的，尽管可能不如染色布的颜色真实，但笛卡尔拒绝接受这一差别。尽管棱镜既不是通过曲面也不是通过反射来起作用的，他也能够正确地推测出彩虹的颜色是由彩虹形成过程中的其他方面形成的。然而，从这里开始，他的色彩理论开始迅速崩塌。简而言之，笛卡尔开始相信颜色是由微小的空气球引起的，最初是受到光源发出的力而发生碰撞，然后大量向上滚动，并像台球一样互相撞击，球的向前运动本身传送了光，而其不同的旋转速率便产生了颜色。此外，笛卡尔的观点似乎与这一（本身就是相当错误和奇怪的）理论相矛盾，其观点还错误地暗示光在水中或在玻璃中的传播速度要比在空气中的传播速度快，而这一观念顽固地坚持了超过 200 年。事实上，光在水中的传播速度会降低近 25%，在玻璃中的传播速度会降低近 33%。笛卡尔对彩虹的研究并不能用来解释彩虹颜色的顺序，这并不奇怪。

朔伊希策（1672—1733）《物理学》的插图《彩虹的形成》

牛顿及以后

尽管笛卡尔对彩虹的研究大部分是正确的，但即使是他的欧洲科学家同僚也并未立即接受，因为对他们来说，"亚里士多德式的彩虹"仍然是知识界的定式。伽桑狄（1592—1655）和格里马尔迪（1618—1663）就是证明这一现象的罕见例外，但总的来说，直到17世纪60年代，也就是笛卡尔去世后大约30年，他才被人们普遍认为是这方面的主要权威。笛卡尔的色彩理论，很快就被马略特（1620—1684）的理论所取代。

此外，颜色的问题还有一个更实际的角度，即人们希望消除新设备的色彩失真，其中就包括实用显微镜（大约发明于1590年）和折射望远镜（1608年）。牛顿正是从这个方向，开始了他的奇思妙想之旅。他在1666年注意到了笛卡尔的彩虹理论，当时他才23岁，就已经意识到折射的过程可能和颜色有关。他进行了一系列的实验，最终证明了这一观点。他将棱镜放置在建筑物墙壁一个孔的上方，从孔中射出的自然阳光会投射到对面的内墙上。牛顿发现，不论棱镜的位置，太阳的位置或孔的大小如何，这样投射出来的

没有人像笛卡尔这样憎恶真空，对于笛卡尔来说，即使是外太空也是由固体碰撞组成的。摘自1644年阿姆斯特丹版的《哲学原理》

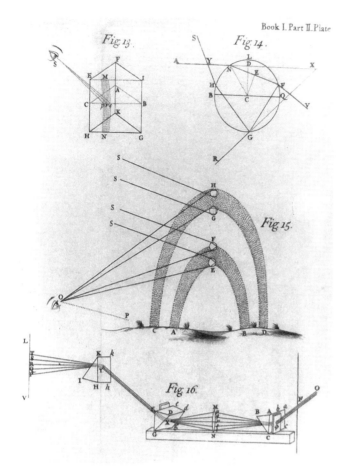

摘自牛顿《光学》，
《彩虹和棱镜图》

效果永远是椭圆形，宽度要大4～5倍。

　　因为在这种情况下，牛顿做任何努力都无法使太阳呈圆形，所以他意识到他最初的想法是正确的：折射的角度因颜色而异。他随后重复了实验，用金星替代太阳，并获得了几乎相同的结果。

　　牛顿最初认为，彩虹有五大主要颜色——红色、黄色、绿色、蓝色和紫色，由四个或更多的"中间色"分隔。最终，通过艰苦的实验，他得出了如今仍然普遍接受的七种色彩，尽管在当时许多人将其视为异类。这种充满敌意的反应在一定程度上是因为牛顿曾正确地指出，所有彩虹的颜色都以白光呈现，而不是明与暗以不同比例混合的结果，这一观点至少从亚里士多德时代起就已被人们普遍接受。

对于罗吉尔·培根的关键认识，即没有两个人会看到同一道彩虹，牛顿增加了一个想法，即"任何一个观测者都不可能时时刻刻看到同一道彩虹"，进一步将我们的注意力集中在"观测者在实现彩虹影像中扮演着最后的关键作用"。牛顿还提供了迄今为止最精确的主虹和副虹的测量角度：主虹从 40.283°～42.033°，副虹从 50.950°～54.117°。此外，他认识到，得出光的色散的一般定律是有可能的，如果将其与已经发现的折射定律相结合，就能让人们完全区别出任何两种介质之间颜色的折射。不幸的是，在实际确定这一规律方面，这一见解并没有获得任何成功（甚至是持久的兴趣）。然而，牛顿在颜色认识中，最主要的缺陷是他认为光是粒子，而不是波，但这一点在整个 18 世纪并未受到任何挑战。和笛卡尔一样，牛顿也认为光在密度较大的物质中传播得更快。很难说，牛顿是因为拒绝认为光是"脉冲"，而坚持认为光是"微粒"，影响或导致他个人深深厌恶罗伯特·胡克（1635—1703），后者在 1665 年提出了基本的光的波动说。但是，在一场同步关于全反射彩虹以及全折射彩虹的争论中，光的完全粒子说和完全波动说都无法完全准确地做

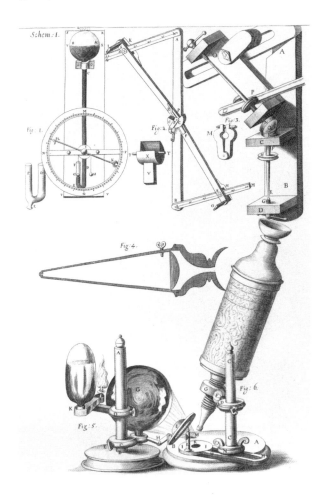

尽管罗伯特·胡克
在显微镜方面的
贡献，如图摘自其
《显微图谱》。他在
1665年提出了光的
基本波动理论

出解释。到了20世纪，两者都将被"新的本体论"取代，
正如兰德解释的那样：

> "传统意义上的客观物理现实已经过时了，至少
> 在微观物理领域中，即使是离散粒子和连续光波那样
> 相反的概念，我们也只能形成一种主观的图像。"

《观虹》，路易·克劳德画

　　特别是在彩虹方面，牛顿思想的修改确实很缓慢，其中包含着他 18 世纪神化的过程。托马斯·杨开始将"每天的感知经验"与"牛顿本质上正确的光物理模型"进行联系，这一过程后来由麦克斯韦（1831—1879）进一步提炼完善，他在 1865 年确定光是电磁辐射波。这一观点在很大程度上被科学家拒绝，但被艺术家所接受，所以歌德在 1810 年发表的颜色论将在下面进行讨论。

　　当然，本章中的任何内容并不是要表明，彩虹是什么、如何形成和为什么形成，以及彩虹的含义，在其他历史和文化背景中没有意义。下一章将研究这些内容。

第三章　彩虹与神话

　　不出所料，由于彩虹宽大、明显、色彩绚烂、突然出现和消失，彩虹被人们赋予了神话或某种精神上的意义。对于某些共同的彩虹信仰，是在被沙漠、丛林或海洋相隔开的文化之间传播开来的，还是由这些文化独立创造的，目前还没有普遍的共识。其中一些神话可以被认为是传播挪亚和洪水故事的人活动遗留下来的文化。一些神话可以被忽略，而一些神话则不能。例如，南美洲大查科地区的托巴人、马塔科人和伦古阿人分享的有关彩虹的故事与新几内亚人和西南太平洋地区的一些传说非常相似。虽然要牢牢记住，对神话的跨文化比较只有分别对每个文化区的信仰或习俗进行深入研究后才能得出有效的结论，但人类学家在过去一个半世纪中收集的部分证据非常耐人寻味，如全球彩虹神话之间的相似之处与其差异之处一样令人深思。当然，彩虹几乎一直是人们普遍崇拜、敬畏和恐惧的对象。

彩虹即弓

　　彩虹在西方传统故事中有一个关于大洪水的故事，在大洪水之后，虹被置于云中，意为人们不再被洪水灭绝。许多学者认为这一故事与公元前 2900 年左右发生在伊拉克南部的一场真正的洪水有关，在公元前 6 到公元前 4 世纪这一故事的编纂者通过早期巴比伦和亚述的传统了解了这个故事。在中世纪，彩虹在艺术中变得非常普遍，常出现在绘画中，也出现在一些流行的戏剧中。

随着科学上对彩虹成因和形式的认识不断提高，虽然公众对最新科学解释的接受程度略有下降，但大多数西方人还是很快便只将彩虹与光学和气象现象联系，而无法将它与其他东西相联系。

但一个迷失的方向就是认为彩虹代表弓——一种用于战争和狩猎的武器，发明于在旧石器时代晚期。在 15 世纪，弓的制作工艺达到巅峰，随后便被手持火器替代。

中世纪的欧洲将这种"彩虹即弓"的观点传播至近东区域和印度部分地区。据说，普兰达拉（又称"云之骑士"）是天气掌管者，他每天向上推起天空，释放出在洞穴里的黎明的化身——乌莎斯。"云之骑士"的主要武器是弓和金刚，后者的意思是"雷电"和"钻石"，对有些人而言，钻石像彩虹一样闪耀，相当

1857 年彩色玻璃窗设计

汉斯·梅姆林，大
约创作于 1479 年，
橡木板上的油画

清楚地暗示了棱镜现象。在巴什加利语中彩虹的意思来自
金刚。有些争议的是，曾有人断言，"云之骑士"形象或
传播到其他地区。无论如何，当传播到日本时，这位神携
带的不是弓，而是一根钻石做成的棍子，有别于光谱，他
与彩虹的关系也已经被打破了。与此同时，乌科、佩尔库
纳斯和佩伦也都身佩弓箭，但他们的传说中并没有特别强
调彩虹是这些神有意或无意形成的天气现象。

　　中世纪的英国人很高兴地注意到，彩虹的位置始终不
变，虽然这种特殊的神话视角现在已经消失了，但是在用
英语在描述彩虹时还是不得不提到：虽然难以捉摸也难以
置信，但虹的"弓形"确实坚不可摧地保留了下来。

　　尽管在一些地方，彩虹代表了一种强大的武器，却是
一种永远不会使用的武器。在西方，这种奇特而又矛盾的
神话所留下的概念就是，彩虹现在几乎不可避免地被人们
认为是吉利的。同样，在少数文化中，彩虹被视为一个吉

利的物体而不是一个邪恶的存在，常被视为一个拟人化神的装备的一部分。

彩虹作为宇宙建筑

　　人们常常忘记，在其他神话中，彩虹是宇宙中一种没有生命的建筑元素，这同样也在全球范围内广为流传。彩虹桥本身就可以被想象为一条彩虹道路，在一些神话版本中，彩虹女神通过这条道路穿梭于神域和凡世之间。然而，对于一些古代作家来说，彩虹女神与彩虹的关系非常密切，所以"桥"的概念消失了，她的名字仍然是拉丁语中"彩虹"的常用词，也是西班牙语和葡萄牙语中"彩虹现象"以及英语中"虹彩"的词根。一些欧洲民间传统认为，彩虹不是彩虹女神的身体而是其围巾，这一观点保留到了现代，牛顿对此很熟悉，也可能是这个观点启发了沃尔特·迪士尼《幻想曲》（1940）中《田园交响乐》部分中伊里斯斗篷的动画。

　　关于彩虹的谜语在挪威、瑞典、丹麦和德国北部的民间传说中极为常见，这些传说更多地将彩虹比作一块布，而不是一座桥，

女神乌玛雕像，柬埔寨，8 世纪

弗里德里希·威廉·海涅（1845—1921），《众神之战》，插图选自威廉·瓦格纳的《北欧−德国的战争与黑尔登》（1882）

这让古挪威传说无法享有共同的起源。这使得至少一位学者认为，彩虹桥并不是起源于挪威，而是另一种解释：彩虹女神伊里斯由德国抵达斯堪的纳维亚。无论如何，在欧洲文化中，关于彩虹的谜语比关于其他天体现象，如雷鸣、太阳、月亮和星星的谜语要少见得多。

一些人也将彩虹桥作为连接天堂和尘世以及死者与生者的纽带。与此同时，加利福尼亚的丘马什人也有一则故事，将彩虹桥的神话元素与彩虹蛇的神话联系起来，这在环太平洋地区和非洲更为常见。世界各地还有一些地方的传统将彩虹视为桥以外的建筑元素，例如，视为椽（纳瓦霍人），或天后（祖鲁人）住宅中的天梁。在中世纪，有一座真正的桥因其形状像彩虹而被称为"彩虹"，这就更平淡无奇了。

彩虹作为生物

在西方传统故事中，彩虹女神伊里斯作为彩虹的化

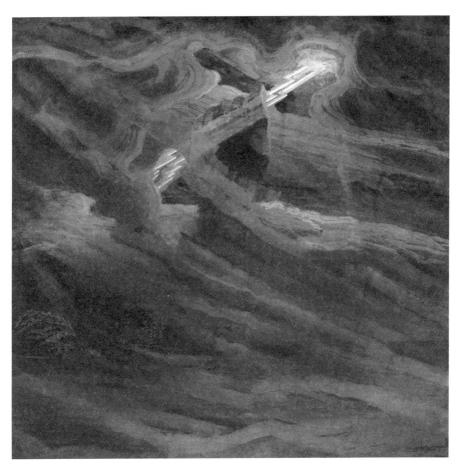

《托尔》，米卡洛尤斯·孔斯坦蒂纳斯·丘尔廖尼斯，1909 年，蛋彩画

身，这一地位是有异议的，一些古代资料只提及她将彩虹当作桥梁，而另一些资料则提及她将彩虹视为一件衣服。一位被施了魔法的英俊王子，只能在彩虹或光谱出现时说话，因此被称为"彩虹王子"，从 1725 年前起，这一情节便出现在一个法国童话故事中。但有趣的事，其他神话出现彩虹作为人物的情况——有别于作为个人财产或身体部位——极为罕见，几乎不存在。证明这一规则的一个关键

例外就是某些个体，比如伟大的莲花生古鲁，通过改变人体的五大主要器官和系统实现了"彩虹之身"。

在这方面值得注意的是，他的光环与五种颜色相联系：宝蓝、金黄、暗红、白色和品红。但是，在牛顿诞生前彩虹包含五种颜色的说法是罕见的，而那时神话中有六种或六种以上颜色的彩虹还没有。然而，关于彩虹颜色及其数

1915 年以前，西非，
舞蹈家

量的概念几乎和文化本身一样多变。古希腊人和其他文化的人看到红色或紫色的单色虹。尽管在神话中两色虹和四色虹相当常见，但如果有一个世界标准的话，那大概就是三色虹，其中一种颜色便是红色。对于散居在大西洋两岸的西非约鲁巴人来说，彩虹蛇的形象"Osumare"象征着生命的延续和祖先的祝福，彩虹蛇四种颜色按照时代久远排列：最古老也是最重要的是白色的，其次分别是红色、蓝色和黄色。一些约鲁巴人将黑色视为红色或蓝色的一种极其强烈的形式，因此排在白色之后的第二或第三位。

就世界上的彩虹蛇而言，他／她可能是作为极为吉利的象征出现在广告中，而尼日利亚流行音乐团体"Osumare"直接将其名字翻译成了"彩虹"，看似并无意超越这一词和形象如今在欧洲和北美代表的积极和包容的普遍感觉。这可能因为21世纪，对"Osumare"（彩虹蛇）的崇拜在美洲比在西非更普遍。同样的神灵在贝宁和尼日利亚西南部被称为"Dan Ayido Houedo"。他在18世纪达荷美王国对萨维王国的军事斗争中，征服了与彩虹无关的蛇神先辈"Dangbe"，"Dan Ayido Houedo"控制着尘世和来世之间，不同财富和社会地位的国家之间的活动。与此同时，对于刚果民主共和国的姆布蒂来说，"彩虹"无疑是一个"令人发指、杀人如蛇、吞噬人类并带来灾难的怪物"。

在新几内亚一些人心中，彩虹蛇"Magalim"据说生活在山间的池塘中；它惊醒的时候，就会导致地震、暴雨、雷电，它会从水里出来，吞食叫醒它的人。虽然如果没有它的存在，地球表面就会坍塌，但它是人类（尤其是女性）

的敌人，也是导致人类疯狂和疟疾的主要原因。它的形象
与巨蟒相似，但更为巨大，所有的大蛇、鳗鱼和彩虹都与
它有关。如果被抓住，它的鳞片，可以像彩虹般闪亮，保
护它们不被弓箭射中。这一信仰远非一些人所独有，而是
一种古老传说的一部分，这种传说在该地区已流传了一段
时间，现在在不同的群体中也有类似的说法，不仅在新几
内亚的其他区域，甚至在整个澳大利亚都有这种说法。在
澳大利亚，这种说法被描述为"澳大利亚当地文化的整体
特征"。彩虹蛇的普遍特征之一是这种生物与天然存在的棱
柱状或彩虹色物质有关，比如石英晶体和珍珠母。尽管佩
斯周围的当地群体将所有无法解释的疮疡和创伤归因于彩
虹蛇，疾病的因素（不同于暴力袭击）则不那么明确。

　　印度尼西亚的某些彩虹蛇守护着地下的黄金，并能让
这些黄金以彩虹的形式从它们口中升起。与之相类似的金
罐神话，在马来亚北部特别普遍，在那里，不同的民族用
至少八个不同的词语形容彩虹，所有这些词语都有"蛇"
的意思。和该地区其他区域一样，这些生物都不吉利，会
引起人们发烧。此外，在 20 世纪 60 年代早期，这一观念
已经从当地居民传播至非当地居民。在菲律宾，一些人更
明确、更直接地将彩虹蛇出现时的降雨与危险的疾病联系
起来。

　　也许独特的是，彩虹蛇瓦纳曼古拉与月虹和彩虹都相
关。对于莫宁顿半岛的拉迪尔人来说，彩虹蛇与一个关于
好客者和虐待外来者的警世故事有关。因为彩虹蛇拒绝帮
助一个外国女人，不仅导致了她的死亡，而且彩虹蛇所在

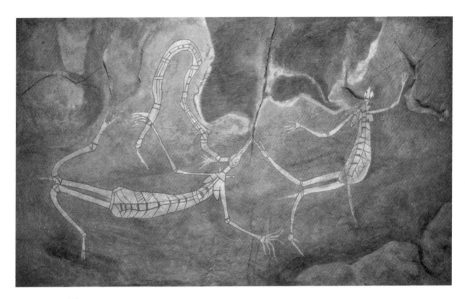

澳大利亚当地居民
的岩画仿制品，藏
于布尔诺博物馆

的国家因其自私肆虐而便不复存在。来自澳大利亚、巴厘
岛和整个西南太平洋地区关于这一生物的其他典型故事是
无穷无尽的。而在印度，无论什么宗派都有一系列共同的
故事，将土堆、蛇、彩虹和宝藏联系在一起。在本段涵盖
的广阔区域内，认为彩虹蛇本质上是善良，似乎止步于昆
士兰。也就是说，即使在昆士兰，卡比人也认为彩虹蛇是
狡猾和邪恶的，屠杀人类、破坏山脉，只会帮助那些已经
拥有魔法力量的人。

　　美洲的彩虹蛇神话似乎处于中立，一方面，没有像绝
大多数非洲人认为彩虹蛇是善良的；另一方面，也没有像
西南太平洋和东南亚的人，他们中的绝大多数人认为彩
虹蛇是邪恶和有害的。在南美洲的族群中，似乎认为彩虹
蛇特别危险，委内瑞拉南部的人用同一个词来表示彩

1971 年 5 月, 锡金拉冲山上的彩虹

虹和水蟒。虽然没有特别提到彩虹，但有关羽状水蛇的祖尼神话，与先前提到的来自太平洋对岸的各种彩虹蛇神话惊人地相似。亚基人也有关于水蛇的故事，这些水蛇具有强大的精神力量，蛇头是彩虹色。一些美洲印第安人认为彩虹蛇是不具威胁性的降雨带来者，但如果仅仅因为一位神灵被描述为带来雨水就认为是善良的神灵，那就过于简单了，因为如果这位神灵不高兴了，可能会拒绝降雨，甚至带来干旱。此外，人们对雨水的需求可能因地、因季、因年而异，甚至在一个信仰群体中，也会出现差异。

彩虹蛇信仰从西非传到西半球的国家，这在历史上很容易解释。而其他跨洋的跳跃式传播就不那么容易解释。此前对全球彩虹神话进行的诸多调查中，有一项调查结果告诉人们，"彩虹如毒蛇"的神话跳过了南太平洋，从澳大拉西亚到东南亚，到美拉尼西亚到拉丁美洲，而不知为何途中没有经过亚洲东北部或北美洲，很显然否定了白令海峡大陆桥学说关于美洲居住人口的观点。详细分析从白令海峡到火地岛大约 1 000 个神话后，能够得出完全不同的观点：在南北美洲，臭鼬和负鼠在神话里是对立的。北美神话把臭鼬和烧焦的东西（以及彩虹）联系在一起，把负鼠和腐烂的东西联系在一起，两者都有复活死者的能力。而在南美洲，则把负鼠与彩虹联系在一起（在圭亚那，负鼠与彩虹共用一个名字，叫"yaware"），两者都具有致命的威力。

约翰·罗文斯坦总结道：

"关于一条巨大彩虹蛇的传说，一定与一种特定的蛇科（蟒科）的出没和地理分布密切相关。这种关联可能源于大多数庞大的爬行动物鲜艳的颜色和彩虹般的光芒，源于它们的水生习性和爬树的能力，以及它们最重要的冬眠习性和在第一场季节性降雨后再次出现的习性。"

然而，他同时承认，仅凭动物学证据无法解释为什么这个神话几乎在世界范围内分布，相反，他支持彩虹蛇神话可能有早期的史前起源的观点，认为随着人类第一次离开非洲，这一神话便开始分布在世界各地。

夏威夷大学语言学家罗伯特·布鲁斯特专门将统一的泛人类彩虹蛇神话归入更新世，并提出"概念发展始于彩虹，终于龙"，"这是通过推理过程得出的，而这些推理过程与现代科学的解释基础没有本质上的区别"。

布鲁斯特问，"为什么龙经常与瀑布、水池和洞穴联系在一起？为什么它们被广泛地认为是降雨控制者？为什么它们生活在陆地水源中却在下雨的时候在天空飞翔？为什么它们会受到雷电攻击？为什么它们会喷火？为什么它们经常守护宝物尤其是一堆黄金？……"

布鲁斯特的论点指出了神话研究中的一个主要哲学分歧，特别是对地理位置分散但内容非常相似的神话研究，如彩虹蛇和彩虹桥。学者——很大程度上按照自己的偏好——倾向于将这些故事的广泛传播归因于以下三个过程之一：文化间传播、同步发明、曾经对所有人都是统一的神话后来支离破碎。布鲁斯特极力反对第一种可能性，理由是"全球传播意味着联系，对此我们需要独立的证据予以证明"，他支持第二和第三个过程的结合，一个也许是100 000 年前的全球性神话形象支离破碎后的结果，即彩虹蛇引出几十种不同的龙的神话。与之相反，我自己的研究表明，在前现代时期，思想和故事的传播是持续的，无

印度彩虹玉米，明尼苏达州，1937 年

所不在的，而且大多数官方资料并未提及。因此，我认为，在彩虹蛇和彩虹桥的设想中，需要证明的概念并不是存在大范围的文化扩散，而是存在长期的文化孤立或不渗透。即使在欧洲，彩虹蛇的神话也不是完全不为人所知，在爱沙尼亚就有一个神话变体的记载，而古英语也有类似的术语形容彩虹（ren-boga）和盘绕着的蛇（bring-boga）。

即使是被雷神击败的米德加尔德蛇，也只能在某些程度上区别于彩虹蛇，理由是不同的世界神话使彩虹蛇成为雷电的敌人或对立面。因此，一个是经常被认为是彩虹的希腊–罗马信使——彩虹女神，一个是在不同时期以不同方式完成彩虹女神伊里斯职责的北欧实体，如乾坤（白

2007 年波斯尼亚的彩虹集会

蜡）树、讽刺的信使松鼠，当然还有彩虹桥本身，将两者
进行比较是非常有趣的一件事情。

在这一章节的结尾，如果不提到"生活之光"这一彩
虹家族，将是一个错误。生活之光是一个建立于或早于
1972 年的现代游牧部落。

他们最初只在美国生活，1983 年扩大到欧洲，并在
1999 年时，在世界各地拥有 100 000 名成员，部落定期举
办"彩虹集会"作为一个整体，这些集会的特点是，共同
致力于彻底平等，尊重多样性、个人自由和环境保护。

彩虹、幸运与害怕

或许彩虹逃脱了现代大多数欧洲神话人物的命运，即
"被排除在日常生活外，贬低至令人恐惧的模糊区域"。在
欧洲包括英国和俄罗斯在内的许多地方，认为彩虹不吉利
的观念一直盛行到 20 世纪，尤其是在儿童中。找到传说
中的爱尔兰小妖精放在彩虹尽头的那罐金子，也不一定会
带来好运。爱尔兰小妖精是仙女的一个类型，它本身是一
个幸运的象征，但像其他仙女一样，它也有许多邪恶的特
征。在匈牙利，用手指着彩虹被认为是鲁莽的行为，在夏
威夷、印度尼西亚、中美洲和加蓬，用手指着彩虹则被认
为是不吉利或危险的行为，最近的一份学术著作将这种行
为描述为"近乎普遍的禁忌"。

在欧洲，民间关于彩虹是威胁和恐吓的证据可能会成
倍增加。正如詹姆斯·鲍德温《下一次的火》（1963）一
书的标题那样尖锐地提醒我们，并没有禁止通过瘟疫、地

2005 年，法国的彩虹花车

震或除了洪水以外的任何方式，来毁灭地球上的生命。在
中世纪早期，人们声称在天启之前的 40 年里看不到彩虹，
而且以红色为主的虹表明，世界将被火终结。因此，如
今，人们看待彩虹的两种方式：一种视其为无害且（大
多）可解释的科学现象；另一种视其为可爱又讨人喜欢的
艺术。两者是否有助于掩盖彩虹在整个人类历史长河中在
世界各地所引起的敬畏和恐惧，值得人们深思。

丢勒（1471—1528），
《忧郁症》，1514 年，
版画。除了彩虹，
还有忧郁女人背后
张开的双翼，她身
边有梯子、沙漏、
铃铛、魔方、木匠
工具、一只睡着的
狗和一个拿着笔记
本和墨水瓶的天使
像

第四章　文学和音乐中的彩虹

"所有的光都能展现出来吗？
你的形式如此取悦我，
当我梦见宝石和黄金时
藏在你光芒四射的彩虹里？

当科学从造物的脸上
附魔的面纱拉开了，
多么可爱的幻象占据了他们的位置
为冷酷的物质法则干杯！"

——托马斯·坎贝尔

关于彩虹的文学典故和文学本身一样久远。《吉尔伽美什史诗》是一部具有强烈超自然元素的冒险故事，最早写于公元前 18 世纪或公元前 19 世纪，但其中的一些内容可能还要再往前追溯 9 个世纪。它预示了后来古希腊神话中的普罗米修斯、赫拉克勒和奥德修斯的故事，以及在乌塔那匹兹姆的角色中的挪亚。乌塔那匹兹姆向这位名义上的英雄讲述了一场毁灭世界的大洪水的余波。

"他们很高兴，于是伊南娜出生了
戴着青金石、黄金和紫水晶的项链，
后来我们称为彩虹
作为她送给我们的礼物。
她送给我们的礼物让我们想起了更黯淡、更悲伤
的日子。"

伊南娜，至少从公元前 4000 年起，就成为美索不达米亚最重要的女神。

《吉尔伽美什史诗》中的第 11 块石碑，记载了乌特那比什蒂姆和大洪水的故事

我们已经在古典文学中讨论过女神伊丽丝，但到文艺复兴时期，人们又重新对她，对希腊-罗马神话和文明的其他诸多方面燃起了兴趣。《维吉尔》是一部出现在1518年的无名英国浪漫散文，描写了一座"空中之桥"。一位评论家认为，"这让人联想到伊丽丝和彩虹桥"，苏丹的女儿用它从巴比伦旅行到罗马。然而，这点不同寻常，现代大多数类似的故事用魔毯或魔帽代替了彩虹桥。

在威廉·莎士比亚的《暴风雨》中，这位古代彩虹女神的出现有着更重要的意义，该剧于1611年首演。荷马同时代诗人赫西奥德，大约在公元前700年编写了第一个系统的古希腊神话，根据其描述，伊里斯是邪恶的鸟身女妖的姐妹。这一阴暗的背景可能直接与普洛斯彼罗（《暴风雨》的主角）以及伊里斯的人类保护者所谓的"白色"魔法的不祥潜力直接相关。在第三幕第三场中，普洛斯彼罗的密友爱丽儿——迄今都是隐形的——在雷电交加中以一个鸟身女妖的形象出场，其主人称其为表演"鸟身女妖的形象"。伊里斯本人出现在第四幕第一场，扮演更高级别的女神赫拉和谷神刻瑞斯的传令官。莎翁笔下的伊里斯描述自己为"水灵灵的拱门"，刻瑞斯描述其为"彩色的"，尽管名字中提到的颜色只有橘黄色和蓝色：谷神星分别将其用于描述伊里斯的翅膀和弓。然而，即使在剧中，这些元素与古代神话相比，其准确性也受到质疑，普洛斯彼罗把伊里斯和刻瑞斯称为"我从他们的世界里用法术召唤来表现我一时的空想的精灵们"（第四幕第一场），而不是真正的女神。这场虚无的风暴很快也被揭露为一种

以女神伊师塔为中心的达摩轮

幻觉，但同时，也引起了一个疑问：整部戏剧引用的挪亚
故事可能是戏仿。第四幕的婚礼顺序是：

"天地在彩虹下相会，

这是挪亚新时代的象征，

暴风雨和洪水已经退去，

承诺春天和丰收不会

停止……在普通的时间周期外

我们已经到达了天堂……春天和秋天并存的

地方。"

《暴风雨》(包括其扩展本和戏仿本)在当时并不流行，直到英国"漫长的 18 世纪"(始于 1660 年君主制复辟)，才闻名于世。这也许可以解释，英国文学中，从莎士比亚、威廉·德拉蒙德，到乔治王朝晚期的浪漫主义诗人，戏剧对他们的影响似乎是相当直接的，彩虹在某种程度上发生了巨大的跳跃。即使是约翰·弥尔顿的诗作，似乎也更多的是描述莎士比亚《暴风雨》中的人物，而不是原创的诗歌：

本杰明·史密斯 1797 年为威廉·莎士比亚的《暴风雨》第一幕第一场所作的版画，画于乔治·罗姆尼画作之后

"我以为是仙灵的幻觉
把它当作一个仙人的幻觉

> 一些快乐的元素生物，
> 在彩虹的色彩中活着，
> 玩我的苦恼的云。"

在英国内战结束后整整一个半世纪，只有两首真正流行的英语民谣在标题中包含"彩虹"一词。一则是关于一个名叫伊丽莎白·彩虹的女人在现实生活中被杀害的故事；另一个则是关于庆祝一场战役，其中一艘名为"彩虹"的英国船只参与其中，迄今为止至少有 11 艘英国和英联邦军舰以这一现象命名，而这是其中一艘。

"五彩缤纷的虹"和英国浪漫主义诗歌

珀西·比希·雪莱的最后一首诗《把吉他给一位女士》（1822），采用了爱丽儿对普洛斯彼罗的女儿米兰达演讲的形式。虽然《把吉他给一位女士》并没有实际描述彩虹，但似乎总在这样做，因为其描绘了四月阵雨，"淅淅沥沥的雨，呼吸着露珠"。而雪莱的《云》（1819）则更为明确：

> "从这海岬到那海岬，像大桥横跨天上，
> 在狂涛恶浪的海洋的上空，
> 我也像一个屋顶高顶高悬，遮住阳光，
> 擎住屋顶的圆柱则是群峰。
> 我浩浩荡荡地经过的凯旋门，
> 就是那五色缤纷的长虹，

我的战车后绑着被我俘虏的精灵；

太空的火焰，雪片和暴风；

火一般的日球在我头上乡锦。

润湿的大地在我身下露出笑容。"

雪莱曾在一本诗集中对彩虹呈现出了截然不同的看法，把其想象成一个逝去的可憎时代的象征：

"疯狂的牧师们挥舞着不祥的十字架

那不幸的大地：太阳照耀着

从闪光的钢铁上冒出的阵阵鲜血

血红色的彩虹覆盖着大地。"

雪莱的朋友乔治·戈登，拜伦勋爵（1788—1824），在 1799 年 7 月，他 11 岁的时候，遇见了自己美丽的 13 岁表妹玛格丽特·帕克，于是他第一次萌生了写诗的灵感，"她看起来就像由彩虹做成的"。成年后的拜伦在《阿比多斯的新娘》（1813）中，再次回到了彩虹主题：

"你，我的朱莱卡！分享并祝福我的树皮；

和平鸽许诺我的方舟！

或者，由于这种希望在纷争的世界中被否定，

做生命风暴中的彩虹吧！

晚霞微笑着驱散云彩

明天就会有预兆般的光芒！"

　　然而，两位诗人的前辈，浪漫主义者威廉·华兹华斯（1770—1850）写下了那个时代最著名的彩虹诗作《我心雀跃》（1802）：

> "当天空挂着彩虹，
>
> 心即欢悦雀动：
>
> 当年初涉人世这般；
>
> 如今长大成人亦然，
>
> 将来老迈若改初衷，
>
> 宁入坟茔！
>
> 成人之父乃是孩童，
>
> 祈望今生所有光景
>
> 与自然的虔诚紧密相融！"

　　但是，那种感觉彩虹总是会出现在诗歌里，被彩虹只是偶尔出现的事实巧妙地平衡了。正如华兹华斯在自己的《关于童年记忆中不朽暗示的颂歌》中所讲述的，"彩虹来了又去，而可爱的是玫瑰"。

　　在华兹华斯写下《我心雀跃》的同一年，塞缪尔·泰勒·柯勒律治（1772—1834），写下了《夏慕尼谷日出前的赞美诗》。他把场景中彩虹的美丽（偶尔还有鲜花、山羊、老鹰和闪电）与"可怕和寂静……黑暗和冰冷"的黑白阿尔卑斯山景进行了对比，那里有"静止的洪水（瀑布）""沉默的急流"和"陡峭、黑色、参差不齐的岩石，永远破碎，永远不变"。无神论者雪莱认为天空和天气是无须解释的，或者至少不需要超自然的解释，但是柯勒律治则不是。柯勒律治认为虹是天地的交汇处，是神的恩典，这一观点在25年后他写的《两个源泉》中得到了强调。

"就像云上闪亮的弓，

那由泪水和光组成的仁慈的东西，

在狂野的架子和倾泻的雨中

微笑着，平静而明亮；

好像所有的灵魂

1857年塞利姆和朱莉卡，画家欧仁·德拉克洛瓦

可爱的花朵，

给每个人编织花环

露水的皇冠，

或者在他们沉入地球之前

在春雨，

架起了一座桥来引诱

他把天使降下来。"

当然，实际上，柯勒律治的"冷漠、缺席、伊壁鸠鲁式的上帝"和雪莱的"非上帝"之间没什么选择性。尽管柯勒律治是一位牧师的儿子，但是他明确拒绝接受至今仍然流行的观点，即彩虹是真实奇迹的结果。

　　然而，不管浪漫主义者对神灵的存在和本质的看法如何，他们——不仅限于文学领域，甚至在整个英语世界——苦恼于相对最近的科学解释，即将彩虹视为一种自然现象。约翰·济慈（John Keats）（1795—1821）在《雷米亚》（1820）一诗中表达了这种愤怒和遗憾，《雷米亚》是一则由科学毁灭美和幸福这一观念延伸出的寓言：

　　　　"不是所有的魅力都能飞吗

　　　　仅仅只是接触了冰冷哲学？

　　　　天堂里曾经出现过一道可怕的彩虹：

19 世纪末期，夏蒙尼湖和夏蒙尼山谷

我们知道她的呢喃，她的质地；

把她归为平凡之物。

哲学会剪下天使的翅膀，

用规则和定律征服一切谜团，

驱除阴魂不散的空气，

解开彩虹，就像它曾经制造的那样

温柔的雷米亚融化成了一片阴影。"

早期美国文学中的彩虹

不管一个人是否承认北美有自己的浪漫主义运动，都不能否认济慈的《雷米亚》强烈影响了年轻的英美作家埃德加·爱伦·坡（1809—1849），特别是他的十四行诗《致科学》（1829）："你这兀鹰！晦暗的现实铸成了你的翼

雷米亚，出自爱德华·托普塞尔的《世纪四足兽类史》

翅，可为什么要啄食诗人的心灵？"马克·吐温（1835—1910）跟随柯勒律治的脚步，来到夏蒙尼和勃朗峰，用散文抒发了类似的情感：

> "同样是看见彩虹，却激发不出我们像野蛮人心目中曾经激发出的那种崇敬感。因为我们已经知晓了彩虹的成因。在探索事物的过程中，我们的得与失，是一样的。"

鉴于马克·吐温对科学的热爱及其在科幻小说领域的先锋地位，和他与尼古拉·特斯拉的亲密友谊，这种遗憾感更有分量。与此同时，美国原始自然主义者作家亨利·大卫·梭罗（1817—1862）声称，自己"抓住"了彩虹，这是他日常生活中无形的、无法形容的但真实的收获。

然而，19世纪美国文学中对彩虹或色彩最有趣的运用是纳撒尼尔·霍桑（1804—1864）。霍桑在1837年的《快活山的五朔节花柱》写了一个有意思的故事。短篇故事开篇便是，在现代马萨诸塞州昆西市附近的在一片森林中，在一根非常特别的五月柱上庆祝一场婚礼：这是一棵高大纤细的活松树，上面装饰着"彩虹色的丝旗""彩带系成20种不同颜色的奇妙结，但没有悲伤的结""在松树顶端插着7个鲜艳的染色旗帜"。新郎戴着彩虹图案的围巾，新娘的衣服虽然没有清晰描述，但据说也很相似，参加婚礼的客人都戴着森林动物的面具或奇形怪状的人脸面具。

尽管这场派对目的无非是保持自己祖国的传统——用"英国种子培育出的玫瑰"和"一位英国牧师"的字眼便突显了这一点——但他们仍被一群人视为"魔鬼",在黑暗中注视着他们。随着夜幕降临,"一些黑影以人类的形态冲了出来"。

"这场重要的争斗涉及新英格兰未来的面貌。如果那些人对那些快乐的罪人确立了管辖权,那么可怕的观念就会使整个地区变得阴暗,使它永远成为一片阴云密布、辛勤劳作、说教和赞美诗的土地;但是如果快乐山的旗手是幸运的,阳光照耀山丘,鲜花美化森林,后世子孙会继续向五月柱致敬。"

但是"彩虹"还没有最终胜利。准军事部队出其不意,迅速制服了狂欢者,他们开枪射击,强行将新郎和新娘的头发剪成"南瓜壳的造型",并用剑砍倒了五月柱。最后,玫瑰被铁腕的手抛到一边,霍桑将其描述为"一个预言的行动":大概这是因为克伦威尔式的美国革命即将到来,及其遗留下来的集体安全与个人自由之间的尖锐紧张关系从未得到充分解决。有趣的是,霍桑并没有确切地站在任何一边,而似乎在不同的时间以不同的方式谴责这两类人。

然而,总的来说,嬉皮士的原型似乎在20世纪有他最大的同情心。相比于霍桑所在时期,《快活山的五朔节花柱》在20世纪引起了更多的共鸣,1933年被霍华德·汉森改编为歌剧,1964年罗伯特·洛威尔将其改编为戏剧。

1941 年，兰 瓦 林，
五朔节舞蹈者

　　霍桑的代表作《红字》（1850）中做母亲的激动心情
始终是将道德生活的光束传送给孕育着胎儿的媒介；不
管这些光束原先是多么洁白，总要深深地染上中间体的
绯红和金黄、火焰般的光辉、漆黑曲阴影和飘忽不定
的光彩，甚至还有某种阴郁和沮丧的愁云。另一个模糊
的彩虹比喻出现在霍桑的《七个尖叫阁的老宅》（1851）
中。小说的主角赫普兹巴·品钦是一位贵妇人，她和自
己的哥哥一起过着贫困的生活。她的哥哥是一位服完 30
年刑期的杀人犯。她发现自己一直受到温柔与冷漠、悲
伤与喜悦的摧残，但有时，"笑声和泪水同时涌现"，在
道德上，以一种苍白、暗淡的彩虹包围着可怜的赫普
兹巴。

浪漫主义后期的彩虹诗歌

科尔贝在少年时代，从高处俯瞰赞比西河时发现了完全圆形的彩虹，这成了《维多利亚瀑布的彩虹》（1906）的主题。在4月份，从高速行驶的火车上观察到的月虹成为西班牙现代诗歌巨著《鸢尾花》的主旨，该诗由安东尼奥·马查多（1875—1939）写就。在后者中，诗人似乎暗

《彩虹》，梅杰和纳普的石版画，**1868**年

2012 年，维多利亚瀑布的彩虹

示了人类，我们未来力量的源泉在于每一束微光的汇聚，
所有的微光都凝聚在一个包罗万象的色带里。

　　同样，在罗伯特·勃朗宁的《平安夜与复活节》
（1850），诗人刚从曼彻斯特开出的火车上下来，火车还
"咚咚咚，砰砰砰"地作响。他走进了一个教堂，躲避暴
风雨。为了躲避人们的怒目，勃朗宁回到了风暴中，看到
了"宽阔而完美的月亮彩虹"。似乎这个幻影本身还不足
以象征一种超越单纯宗教仪式的信仰，他补充道：

> "我突然惊恐地抬起头来。
>
> 他在那儿。
>
> 他自己也表现得很有人情味。
>
> 在狭窄的小道上，就在前面。
>
> 我看到了他的背影，不再……
>
> 于是，他离开了小教堂，就像我一样。
>
> 我把天空忘得一干二净。
>
> 没有脸，只有视线内的
>
> 一件宽大的白色衣服。"

　　在战后的西方世界，随着与信仰相关的诗歌的衰落，
彩虹作为一种诗歌意象已经传播开来，并且被深深地个人
化了。安东尼奥·斯卡尔梅达在《彩虹的日子》（2011）将
彩虹作为希望的象征，预示着奥古斯托·皮诺切特将军的
独裁统治结束后，智利将迎接来一个更美好的未来。在马
里奥·贝内德蒂的诗歌《阿尔科·伊丽丝》中，彩虹被比

喻为一个在哭泣的情人的微笑。奥格登·纳什以独具特色的滑稽风格写了《由女婴之父来唱的歌》，开头就带着嘲讽的意味模仿了华兹华斯的《我心雀跃》，而休·麦克迪尔米德的《水手》，则描述了一个死去的人"最后的狂野表情"被题目中破碎彩虹的光芒唤起。

普利策奖得主、美国诗人卡尔·桑德伯格，在一篇像华兹华斯那样渴望彩虹留在原地的文章中说："诗歌是一个幽灵般的剧本，讲述彩虹是如何产生的，以及它们为何会消失。"1982年，他去世后出版的一卷作品被命名为《彩虹》，这在很大程度上曲解了桑德伯格最初的评论。

20世纪著名的与彩虹相关的文学

E.M.福斯特在其广受好评的小说《霍华德状元》（1910）中写道："建造彩虹桥将我们内心的情感与激情连接起来。""没有了这座桥"他继续说，"我们是毫无意义的碎片，一半是僧侣，一半是野兽，没有连接的拱门，从未汇合成一个人。爱伴随着它诞生，在最高的曲线上闪耀，在灰色中发光，在烈火中清醒。从两个方面都能看到张开翅膀的荣耀的人是幸福的。"

但可以说，20世纪初，文学上对彩虹最重要的使用，便是戴维·赫伯特·劳伦斯（1885—1930）的小说《虹》（1915）。这部长篇小说描写了维多利亚时代，英国中北部一个半贵族的波兰难民家庭与自耕农通婚后，家族几代人的起起落落。也许是效仿福斯特的做法，这本书运用了复杂的拱门隐喻，支持其对人类情感的诉求，尤其反对女性角色认为的"死亡物质堆"。彩虹被反复明确地比作建筑的拱门和门道，既有真实的，也有想象的：

> "安娜非常爱这个孩子，哦，非常爱。但她还是没有完全满足。她有一种轻微的期待，就像一扇门半开着一样。她就在这儿，安然无恙，还在科塞赛。但她觉得自己好像根本就不在科塞赛。她眼睛盯着外面的东西。一个微弱的、闪闪发光的地平线，在很远的地方，彩虹像一个拱门，一个阴影门，上面有一个淡淡的颜色的顶盖。她一定要搬到那里去吗？"

在听到彩虹故事后，《虹》的主要女性角色之一，厄休拉·布兰文默默地嘲笑挪亚及其儿子闪、含、雅弗，贪婪地想做"一切的主人，在大地主的手下做佃户"。后来，她谴责新哥特式教堂和学校建筑，认为它们纯粹是一种"专横跋扈且粗俗的权威"表现。书的最后，厄休拉失去了一个年轻军官的爱而饱受折磨，在那阴森的煤矿城镇中，她看到一条"微弱却宽阔的彩虹"，出现在破败的新房子和可怕又陈旧的旧教堂塔楼上方。她一向厌恶宗教，但她对这一幻象的反应，可以说是世界末日般狂喜的世俗变体：

> "彩虹矗立在大地上。她知道那些卑鄙的人，他们在这个世界艰难地爬行着，彼此分离着，他们还活着，他们的血液里拱起了彩虹，他们的精神会颤动起来，

他们会甩掉附着的腐烂的表面，新的、干净的、赤裸的身体会发出新的芽，新的生长，上升到天堂的光、风和干净的雨。她在彩虹中看到了地球上的新建筑，房屋和工厂破败不堪的旧建筑被一扫而光，世界以真实的活生生的结构建立起来，与高耸的天堂相吻合。"

事实上，很难设计出一条更好的纽带，把爱德华时代的第一个新时代与早期的政治激进主义联系起来，并且这条纽带不仅与20世纪70年代和80年代的新时代或宝瓶座时代联系起来，而且与20世纪的战场联系起来。

得克萨斯奇卡诺文学作家赫纳罗·冈萨雷斯1988年著名小说《彩虹尽头》是一部反映家族几代人的长篇小说。从主人公在大萧条期间，通过洪水进行非法移民开始，标题中的"结束"似乎指的是当今"对商场文化的接受和同化，意味着对墨西哥传统的拒绝"，从侧面反映，彩虹意象常常与多元文化主义者或"熔炉"修辞联系在一起，这一点很有意思。至少从1959年，艾伦·洛马克斯的《彩虹标志》（一部关于非裔美国人民间传说的权威口述历史）问世以来，"彩虹"一直是关于多元文化主义或少数民族文化的印刷作品的常用标题词之一，肯尼斯·罗森的《彩虹的声音：美国印第安人的当代诗歌》（1975）就是一个典型的例子。20世纪70年代初，在加州伯克利，格罗夫街的一间旧太平间里，成立了一个著名的以黑人为导向的文化中心，名叫"彩虹标志"，可能是根据洛马克斯的书名而命名的。这个文化中心举办了图书派对，接待包括詹姆斯·鲍德温在内的作家、爵士乐队，举办了至少一场 72 小时的诗歌马拉松，在随后的灰色十年里，人们将其铭记于心。同样是在北加利福尼亚州，1974 年，尼托克托·尚吉为现场的演出写了一系列诗歌，统一命名为《当彩虹结束时》。诗歌中一共有七位没有名字的黑人女性，只能从她们的服装颜色来辨别：红、橙、黄、绿、蓝、紫和棕色。1976 年，《有色女孩》成为百老汇上演的第二部由非洲裔美国妇女创作的表演，也是 1960 年以来的第一部。剧名的灵感来自尚吉驾车行驶在加州著名的一号公路上时，看到的一条真正的双彩虹，让她有了即使濒临死亡或灾难也可能克服的感觉。然而，其他人很快就强调了一个不那么神秘的观点。一位热情的评论家在 1977 年的版本中直接对尚吉评论道："我也曾考虑过自杀，但是我发现，在彩虹的尽头，闪闪发光的不是一罐金子，而是我自己！"到目前为止，这部作品已经获得托尼奖，并被改编成电视和电影，成败参半。

在今天的西方文化中，彩虹的直接拟人化仍像中世纪一样罕见。然而，凡事都有例外。在乔纳森·恩赖特有趣而悲观的短篇小说《彩虹》（2000）中，由于臭氧层的耗尽，地球被无线电波包围，烟雾笼罩，一条名叫西弗拉的彩虹，"砰"的一声坐在了自己"硕大、可爱、色彩斑斓的臀部"。遇到一个小妖精时，酷爱音乐的彩虹向他索要一些金子，并告诉小妖精，"整个世界都在消亡"。小妖精同意了西弗拉的失败主义逻辑，并逃到了另一个维度，但在此之前，小妖精给了西弗拉一些金子，而西弗拉用这些金子买了一张科特妮·洛芙在西雅图的演唱会门票。

儿童文学中的彩虹

就像一个人对自己的评价一样，人们不应该以彩虹在儿童读物中的好坏形象来做出判断，而应该以其分量来判断。我原本打算单独分析彩虹在儿童插画书籍的运用，但我很快意识到，从 20 世纪 90 年代以来出版的书中，没有彩虹的作品似乎很少。就连德鲁·戴沃特和奥利弗·杰弗斯的搞笑杰作《蜡笔戒烟的日子》（2014）也出现了全黑的彩虹。但情况并非总是如此。我记不清楚 20 世纪 70 年代我童年最喜欢的书中有没有彩虹了，这些书大多是在二十世纪四五十和六十年代出版并广受好评。在第一次世界大战之前，英国有两个主要的儿童故事都以彩虹为核心主题，但是很难说哪一个更令人毛骨悚然。

乔治·麦克唐纳的《金钥匙》是 1867 年出版的一部短篇小说，故事发生在仙境之中。名义上的钥匙会出现在彩虹的尽头（在仙境中很容易到达），并且无论这把钥匙被拿走多少次，它都会再次出现。"也许这是彩虹的蛋"男主角莫斯推测道。仙境里的彩虹拥有 7 种常见的颜色，"一层又一层的紫罗兰色"，在红色之外，有一种"绚丽而神秘的东西……一种莫斯以前从未见过的颜色"。此外，当太阳落山时，彩虹只发出更亮的光芒。仙境里的彩虹不像我们平时看到的彩虹那样依赖太阳而形成。在彩虹里，可以看到男人、女人和孩子们优美的步伐，"就像沿着螺旋楼梯的台阶缓慢向上"。莫斯及 10 岁的女同伴坦格尔开始了一系列的

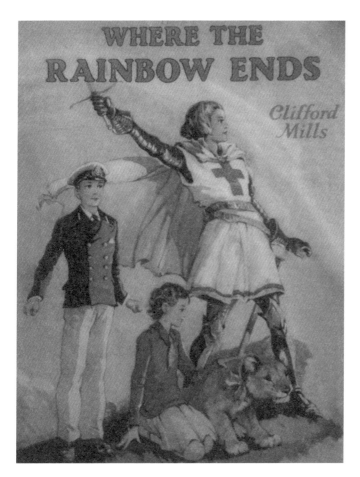

《哪是彩虹尽头》
（是一战前夕最受
欢迎的英国儿童故
事之一，但现在已
基本被遗忘）

冒险，去寻找"影子的来源国家"，其中很多国家有带着彩
虹羽毛的"空中鱼"，它们和其他童话世界的动物一样，最
终会被人们吃掉。就像童话故事中经常发生的那样，男孩
和女孩在几小时内就会变老。从此，莫斯获得了在水上行
走的能力。带着童话里有些令人生厌的必然结局，我们的
英雄们找到了适合金钥匙的锁，并打开了它。

　　"他们在彩虹里。远在海外，越过海洋和陆地，他们可以透过透明的墙壁看到脚下的大地。各种年龄的美丽生物沿着楼梯爬上去。他们知道他们要去的是阴影降临的那个国家。这时我想他们一定已经到了。"

《彩虹尽头之处》是由克利福德·米尔斯和约翰·拉姆齐在 1911 年合著的一本儿童读物。书中嗜血的帝国主义远没有削弱"死亡彩虹"邪恶的一面，相反为其增加了一层意义，支持英国参与针对德国、法国、美国和俄国的武装比拼。这只"矮小还没长大"但"出生在英国"的狮子是属于儿童英雄们（其中一个是海军军校学生）的，它被用来作为上述意义的明显隐喻。那些"心灵纯洁，信仰坚定"的人会找到一片所谓的土地，在那里能找到所有失去的亲人。在圣乔治的陪同下，结束一段魔毯旅程后，他们必须面对一系列超自然生物，包括海妖湖王、精灵、土地神、精灵、龙、巨型蜘蛛和黏虫人，此外还有如黑豹和鬣狗等现实世界的危险动物。最后：

> "孩子们站在那里，甚至不敢看一眼下面的裂口，他们的目光跟随圣乔治高高举起的剑。就在他们这样站着的时候，黑夜带着恐惧离开了天空，越过柔和的晨曦，一道彩虹慢慢地形成并生长，直到那山峰在彩虹的光芒中闪耀着玫瑰色。因为这是孩子们的海岸。在那里，他们期待着，不知道希望的烦恼被耽搁了，他们等待着那些曾经爱过他们和失去过他们的人的到来。"

在接下来的 49 年里，有 47 年该书的戏剧版都会在每年圣诞节专业舞台上演出。1921 年该书被拍成默片，1937年玛丽女王和伊丽莎白公主参加的一场舞台表演中，加入了一段特别的彩虹诗句。

特别值得一提的是，《好饿的毛毛虫》作者艾瑞·卡尔的《我看见一首歌》（1973）明确地将彩虹与音乐联系起来。1993 年，这部电影也曾作为同名动画短片发行，改编自朱利安·诺特的经典原创作品。

彩虹和音乐

鉴于开普勒和牛顿（以及其他人）都是从对音乐的理解中得出关于彩虹及其颜色的见解，而公开将彩虹物理运用到音乐创作中的现象非常罕见，这一点确实有点令人惊讶。其中一个重要的例外是雅各布·特·维尔杜伊斯的大提琴与管弦乐队彩虹协奏曲，于 2003 年 2 月在鹿特丹首演，由亚历山大·拉扎列夫指挥。

"维尔杜伊斯将《彩虹协奏曲》中安静的大提琴独奏开场视为一种单一的颜色，整个视觉光谱从中散发出来。阿塔卡演奏的第二乐章，音乐细胞重复、生长和进化，就像闪烁的光粒子反射更大的整体。一首协奏曲需要极大的音乐专注力和持续力，而不是纯粹的手工技巧。"

艾克托尔·柏辽兹（1803—1869）将色彩与音乐音色联系起来，他曾说过，"乐器之于音乐，恰如色彩之于绘画"。克劳德·德彪西（1862—1918）也被认为是对色彩高度敏感之人，但显然德彪西并未因此直接从彩虹中得到音乐的创作灵感。

在 20 世纪及以后，流行音乐便成了西方世界创作和接受诗歌的主要媒介。就像诗歌本身一样，彩虹以无数种方式出现在流行音乐中，有些是意想不到的。在《她是一个彩虹》（1967）中，滚石乐队直接将彩虹和一位心爱的女性联系在一起，风格如同拜伦，也许是效仿雪莱的《麦布女王》，甚至一些更古老的传统，尼尔·杨的《河边》（1969）使用虹作为情绪旋涡的象征，这场情绪旋涡最终以谋杀告终。事实上，20 世纪 60 年代真正著名的歌曲只有寥寥几首，其中比较有名的是小脸乐队的《慵懒的周日下午》，引用《彩虹》的歌词中带着一种模糊的积极情绪，这种情绪很快普遍影响了大众文化。随着 1970 年的到来，在面包乐队的第一热门单曲《只想和你在一起》中，攀登彩虹代替了追逐彩虹。同年，在坏手指乐队的《继续到明天》中，彩虹尽头再次成为传统意义上希望的象征，我们之所以认为这首歌词阴暗且模糊，可能是因为该乐队的两名成员后来在不同的事件中上吊自杀。但在 1974 年的《彩虹的尽头》中，理查德·汤普森和琳达·汤普森夫妇将彩虹作为不安的象征，造成了最具破坏性的影响。在《彩虹的尽头》（1974）中，理查德·汤普森和琳达·汤普森将彩虹作为萎靡不振的象征，这是对彩虹最大的毁灭性形象。这首歌是写给一个婴儿的，歌词表达了彩虹的尽头不仅没有黄金，而且什么都没有。没有黄金的世界会马上变成一个没有目标的世界，在这个世界里，虽然缺乏近乎带有侵略性的家庭之爱，但孩子仍然坚定不移地选择忍受，除了要证明这种情况，孩子不再有任何理由成为一个成年人。事实上，这首歌所描述的家庭气氛确实让听众质疑歌手是真正的仁慈，还是另一个可怕的亲戚，在忠告里道出虹所包裹的是纯粹的消极。

也许更令人惊讶的是，彩虹在重金属音乐中的地位。重金属音乐是摇滚乐派的分支。1975 年，深紫色乐队的校友里奇·布莱克摩尔在赫特福德郡成立了金属乐队，乐队音乐被称为"中世纪"或"哥特式"，歌词中强调"恶魔和巫师"。尽管都市传奇将乐队的名字命名为好莱坞的"彩虹酒吧和烧烤店"，但其古典音乐的影响可能暗示着与彩虹现象有更深层次的关联，这可以从以下事实得以证实。从乐队第一次世界巡回演出的第一天开始，他们便使用一个长 12 米的彩虹形舞台道具，装有 3 000 个电脑控制的灯泡。彩虹乐队前成员罗尼·詹姆斯·迪奥和吉米·贝恩在 1983 年凭借单曲《黑暗中的彩虹》迅速走红。1984，其演唱会电影《光谱特辑》的录像带销量超过 50 万张。其他一些年份数量相对较接近，以引用彩虹的歌曲而在电台主要播放的唱片艺人包括佩姬·李、辛蒂·罗波、保罗·德·里乌和玛丽亚·凯莉，叶·哈伯格的《彩虹上的某处》是一种超越音乐本身的流行文化现象，将在之后的"电影中的彩虹"部分进行论述。

一首有趣的早期有关彩虹的流行歌曲是科尔·波特的歌曲《90 层楼的深处》。音乐剧《红、热、蓝》由艾赛尔·摩曼、鲍勃·霍普和吉米·杜兰特主演，在 1936 至 1937 年，该剧在百老汇上演了超过 180 次。这首歌作为音乐剧的一部分，包含了早期对低俗的霓虹灯广告浪潮的警告，在接下来的几十年里，彩虹作为一种象征几乎被霓虹灯广告淹没。然而，这种批评相当罕见，至少在视觉层面上，音乐家们更倾向于参与其中，比起反对用彩虹来模糊表达"没什么"的正面情绪，音乐家们更愿意将其视为一种吸引眼球的表达。

一个值得注意的例外是，彩虹乐队为他们的第二张专辑《上升》（1976）选择的凯恩·凯莉专辑封面。在这张封面上，一只巨大的手死死地抓住了一个明显可见的五色虹，这只手长满了湿漉漉的长毛，从海里伸出来。另一个例外是，2010 年大举进攻乐队《赫里戈兰》的专辑封面，由罗伯特·德尔·纳贾所作，封面上是完全用 4 种不同程

平克·弗洛伊德的《月亮的黑暗面》（1973）的标志性专辑封面

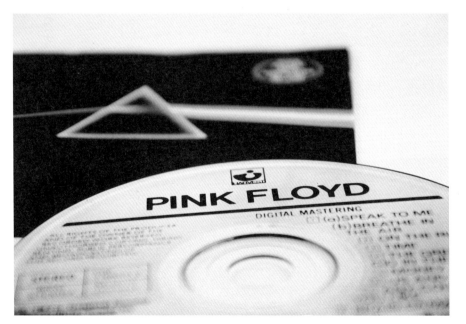

度的灰色绘制的七色彩虹，这张图下方是一张上令人不安
的男人的脸，一只眼睛显然在流血，另一只眼睛被齿轮
包围。

2013年，澳大利亚，
彩虹蛇年度电子音
乐节上的人群

　　就像吉米·克利夫的演技一样多变，"摩诃毗湿奴管
弦乐队"在专辑封面中用了不同寻常的虹。作为本章一个
有趣的结尾，澳大利亚维多利亚州每年都会举办一场名为
"彩虹蛇"的年度电子音乐节。

第五章 绘画和电影艺术中的彩虹

"有技巧的画家绝不会选择这样的画

描绘彩虹的不同色彩，

除非它是给凡人的

否则他的画笔蘸上天堂的染料？"

——沃尔特·司各特爵士

彩虹的二维描绘几乎和人类艺术本身一样古老，澳大利亚当地绘画中出现彩虹蛇的形象可以追溯到公元前4000年至公元前2000年。在欧洲古典时期，彩虹的绘画反映了人们普遍对基本颜色持不确定性。哲学家德谟克里特（约公元前460年—约公元前370年）认为，宇宙中只有两种原色——红色和绿色；在他的有生之年，甚至在他去世很长时间，这一概念比他认为宇宙是由原子组成的观点更受欢迎。亚历山大认为彩虹是红色、绿色和紫罗兰色，并称"画家既无法获得，也无法模仿"这3种颜色，而且"彩虹是无法描绘的"这一观念一直延续到19世纪。历史上大部分时间，试图描绘彩虹往往是一种刻意以为掌握彩虹的行为，甚至是一种狂妄的行为而那些敢于尝试的同时

《日本水彩画：南瓜、花和彩虹》，1907 年

代艺术家通常也是这样认为的。

1 700 年前的彩虹绘画

在中世纪和文艺复兴时期，这可能不是什么问题，当时大多数欧洲绘画是宗教性质的（实际上也是赞助的），而任何对彩虹的描绘都理所当然地带有宗教的象征意义。

在 15 世纪英国牧师约翰·利德盖特《围困底比斯》中，大天使麦克被描绘成带着彩虹翅膀，在克里斯皮恩·范·登·布鲁克的《最后的审判》（约 57 年）中，一条亮粉色、桃红色和青金石色的彩虹非常突出地置于耶稣上方，这与基督教绘画和马赛克图案中明亮的彩虹条纹 "mandorlas（全身光环）" 相呼应，这种光环可追溯到 1 200 年以前。值得注意的是，这些作品包括在拉文纳圣

乔托壁画《最后的审判》中的彩虹光环

《在古代世界的奇迹中诱拐海伦全景图》，马丁·范·汉斯柯尔克，1535年，布面油画

维塔莱大教堂中的马赛克壁画、乔托在帕多瓦斯克罗维尼教堂的《最后的审判》（约1304）、汉斯·梅姆林的《圣约翰和圣约翰》。在这类作品中，非常突出的特点是其彩虹色彩的亮度都超凡脱俗。以乔托为例，其《最后的审判》包含了三种橙色色调和两种绿色色调，但最突出的还是中央的宽白色条纹，让全身的光环看上去闪闪发亮。梅姆林用不同的颜色达到了类似的效果：明亮的黄色和明亮的橙色外，以深绿色和深蓝色镶边。奇怪的是，圣维塔莱大教堂中的马赛克是为数不多的几幅可以粗略预示牛顿式彩虹颜色及顺序（红棕色、红色、粉色、黄色、绿色和蓝色）的艺术作品之一，但同样，相比其他颜色，人们主要记得的是中心那圈粉红色与黄色的"微光"，还有其他中世纪的彩虹光环，被称为天堂荣耀的"典型"图像。

女王伊丽莎白一世在视觉文化领域做出了协调一致的努力，在很大程度上成功地取代了圣母玛利亚，并成为大众崇拜的对象，在画中她的身边至少有一次出现过彩虹，这一点也许是可预料的。被称为"Non sine sole iris（西班

在《女王伊丽莎白一世肖像画》中彩虹即弓

牙语，没有眼光就没有彩虹）"或简称为《彩虹画像》的画作，是最神秘也最受争议的女王肖像之一。在这幅画像中，女王抓着像小弓的彩虹，准备带去狩猎或打仗。艺术家们仍然把彩虹描绘成一个巨大的、来自异世的色彩爆炸，但可能超出其掌控。彩虹也偶尔出现在欧洲的纹章上，尤其是在法国凯瑟琳·德·梅第奇女王的徽章上和兰开夏郡的爱德华兹–莫斯家族的徽章上。

非常明亮的彩绘彩虹，特别是其中央条纹，在整个 17 世纪仍是一种常态，即使在没有明显宗教色彩的作品中亦是如此。例如，1679 年，弗朗西斯科·利兹为玛丽·路易丝·德·奥尔良所作的马术肖像。但是，应该指出三个重要的例外情况。第一个是卢卡斯·凡·乌登（1595—1672）的作品，其自然主义风景画常伴有醒目的苍白彩虹，他也被誉为后宗教时代使用虹的第一人。接下来，我们必须谈到卢卡斯·凡·乌登更为著名的伙伴——鲁本斯，其《有彩虹的风景》（1636）与这位画家几年后的《彩虹风景》形成了鲜明的对比，后者更为传统，且透视上存在缺陷。《有彩虹的风景》描绘了苍白且纤细的两道彩虹，人们有理由怀疑，他是不是有意画一条雾虹。第三位是扬·希勃瑞兹，他在《泰晤士河畔亨利镇的彩虹风景》（约 1690）中创作了另一道可怕的惨白色双彩虹。这幅画作是代表早期艺术排斥牛顿式彩虹所带来的视觉快感，还是只是致敬鲁本斯，我们很难辨别。但是，可以肯定的是，与当时流行的艺术标准相比，这种希勃瑞兹虹的形状、相对宽度和位置都经过了画家仔细观察。

《有彩虹的风景》,
鲁本斯, 1636 年,
油画

　　早期新英格兰人喜欢用彩虹的每一种颜色制作他们的
墓碑, 他们认为虹是太阳升起时掉落的一个不完美的圆圈,
比太阳本身更合适做象征物。1712 年, 也许是为了回应这
一观点, 牧师科顿·马瑟摒弃了这一观念并称其是一种幻
想。他认为, 彩虹是一个破碎的、坠落的假太阳。

　　然而, 非科学家中, 接受彩虹是一个虚假和不完美的
太阳这一见解的人, 还有很多。在马瑟之后不到一代人的
时间里, 一位截然不同的评论家——亚历山大·波普——
表达了类似的不屑态度, 他将非原创的虚构人物比作"假彩
虹……一次反射后的沉思"。在亚历山大·波普的个人生活
中, 他沉迷于棱镜和其他光学效果, 并在 1725 年吹嘘自己
在特威克纳姆建造的洞穴。

《泰晤士河畔亨利镇的彩虹风景》，扬·希勃瑞兹，约1690年，油画

"瞬间，从一个发光的房间变成了一个暗室，墙上的河、山、树林和小船等物体形成了一幅移动的画面。当你想点亮的时候，它会给你带来一个完全不同的场景：它是用贝壳点缀成棱角状的镜子完成的……当一盏灯……挂在中间时，一千道尖光闪闪发光，反射到这个地方。"

亚历山大·波普对雕塑和光学效果的融合所表现出的浓厚兴趣，在同一地点建造的水上花园中，可以说达到了顶峰。从17世纪中叶起，这种雕塑式的光学景观（有时被称为"giochi d'acqua"）在英国相对流行起来，当时托马斯·布什尔在牛津郡的恩斯通建造了一个能够形成人工彩虹的景观，"两道玫瑰色的水喷涌到空中后，都能悬挂一个金色的球"。

无论是在艺术领域还是在科学领域，科学家们反复修改彩虹的形成原理，每一次都"代表了看待自然现象的一种全新方式，都带来了一次重大的变革"。在 17 世纪中期到 18 世纪中期，从"奇迹"的论述转变为科学光学的论述，再也没有一次转变能超越此次进步。在这次的转变中，光谱彻底与那些谬论划清了界限。

1700—1900 年的彩虹绘画

指明进步方向的是扬·希勃瑞兹，而非亚历山大·波普。与之前彩虹相比，18 世纪 20 世纪的艺术彩虹以异常苍白为特点，其中只有一小部分可以归因于颜料的变质或缺乏。巴托洛梅奥·阿尔托蒙特所作的《献给时间的四个季节》，突出地表现了一条由三部分组成的虹，其中上、下两部分都为白色，中间部分为金色的，每两部分之间清晰地显示出天空的灰蓝色。在多梅尼科·莫雷利的《挪亚的感恩节》中，也能看到虹明显地渗透在其背后的天空中。这首作品中，主虹呈橙色、白色和蓝色，副虹呈绿色、白色和橙色。阿尔托蒙特的三条色带不仅彼此之间互不相连，而且相当稳固，因为一个身着蓝色服装的孤傲女性就像躺在沙发上一样斜倚在彩虹带上。在雅各布·菲利普·哈克特的《特尔尼瀑布》（1779）中，一道彩虹呈现出喷雾形态，与瀑布的颜色一样，这道彩虹被涂上了淡蓝色、奶油色和白色。如果不是因为彩虹独特的几何形状，它几乎可以与瀑布融为一体。

　　类似的是，让·朗克在 1730 年左右为西班牙腓力五世所绘制的马术肖像中也有一道彩虹（至少最靠近地面的两条色带），它们几乎无法与蓝色的天空和白色的云彩区分开来。只有在画面的最上方，天空更暗的地方，虹才呈现出粉红色、黄色、蓝色和紫色的柔和色调。1799 年，雅各布·凯茨在《秋天下午的天气》中绘制了几乎相同的彩虹，底部的蓝色逐渐变成白色（在浅灰色天空的映衬下），而顶部（在暗紫色的云朵映衬下）呈现明显的红色、黄色和蓝色色带。将彩虹及其背景相混淆的一个相当极端的例子，当属最著名的彩虹绘画之一——康斯太布尔的《从草

《献给时间的四个季节》，巴托洛梅奥·阿尔托蒙特，约 1737 年，油画

地上观看的索尔斯堡主教堂》（1831）。这幅画的场景根据
"气象学是无法呈现出来的"，在创作这幅画作前，康斯太
勃尔将彩虹视为个人的标志。在康斯太布尔的《汉普斯特
德希思与彩虹》（1836）中，双虹呈紫色、白色和鲜橙色，
这三种颜色相当精确地反映在了天空和云朵的颜色。即使
是 19 世纪早期颜色最强烈的彩虹——约瑟夫·安东·科
赫在其《诺亚的感恩节》（1803）和《帕塞吉斯·英雄》
（1805 和 1812）中所绘制的——也要归功于中央的翠绿
色，而这种绿色的灰暗似乎是为了反对或拒绝中世纪和早
期现代艺术中彩虹中央条纹的明亮。科赫笔下的彩虹上边
缘和下边缘，分别是淡粉色和天蓝色，就像那个时代的任
何彩虹一样融入天空中。

　　然而，在理性时代，彩绘的虹整体通常是白色或者灰
色，即使在虹与背景具有强烈对比的画作中也是如此。透
纳的画作《巴特米尔湖一景》（1798）以一道乳白色的彩虹
为中心，仅仅顶部带着一丝桃色。1795 年约瑟夫·莱特的
《彩虹景观》绘制了一道更清晰的双色或三色虹结，由淡
黄色和白色（或浅黄白色）覆在淡蓝灰色上，与透纳笔下
一样的灰暗天空相映成趣，但与透纳笔下的雾气幻影不同
的是，莱特笔下的虹像激光束一样发光，显而易见的是，
莱特所想的这道光是射向地面而不是从地面上射出的。

　　卡斯帕·大卫·弗里德里希《吕根岛上的白垩岩》（约
1810 年）中的彩虹与阴云密布的天空相映成趣，乍一看彩
虹完全是白色的，然后慢慢地呈现为白色、淡黄色和淡蓝色
三条色带。在弗里德里希更引人注目的《山中彩虹》（1810

《从草地上观看的
索尔斯堡主教堂》，
康斯太布尔，1831
年，油画

年）中，最上层的两条色带已经融合成最淡的黄色，但虹
的整体感觉是相似的。卡罗利·马尔科的《意大利风景与高
架桥和彩虹》（1838年）也尝试了类似的效果，在这幅画中，
主虹呈现黄镶白边，视觉相当强烈和稳固，与副虹几乎灰色
的虚幻效果形成了强烈的对比；在乔治·英尼斯的《特拉华
河一景》（1891），更暗的云层让彩虹呈现出一种似是而非的
白色，彩虹缓缓地以红色、白色和蓝色的光带出现。

　　阿金森·格雷姆肖《圣约之印》（1868）中一道以黄
色为主的细虹从多云的背景中显现出来，这仅仅是因为它
的色调，而不是亮度。阿尔伯特·比尔施塔特的《金门》

《彩虹景观》，约瑟夫·莱特，约 1795 年，油画

《山中彩虹》，卡斯帕·大卫·弗里德里希，1809—1810 年，油画

《金门》，阿尔伯
特·比尔施塔特，
油画

（1900）中，尽管画作标题中带有"金"字，但三条色带
的虹中，最上面的两条色带都近乎白色，而下面的色带则
是非常淡的绿色。

　　简而言之，后牛顿主义的艺术家们拒绝接受彩虹是由
七种不同颜色按特定顺序组成的观点，这种态度近乎绝
对。特别是康斯太布尔的笔记表明，这一决定是经过深思
熟虑的。在权衡了一生的观察经验和牛顿提出的基本正确
的可靠理解之后，这位画家发现了牛顿的不足。即使在约
翰·埃弗里特·米莱斯爵士1856年创作的一幅非凡的双
彩虹画《盲女》中，两条虹的紫、蓝、绿部分也几乎是事
后才添加上去的，三色虹呈现的整体效果都由中间不自然
的宽黄色条纹决定的。由于米莱斯是拉斐尔前派绘画风格
的主要倡导者，该风格提倡回归15世纪的欧洲大陆风格，
因此米莱斯的虹呈现新中世纪主义风格也在意料之中。

　　18世纪和19世纪的视觉艺术家拒绝接受牛顿彩虹概
念，其原因并不难寻找。首先，如前面所讨论的那样，他们可能和诗人们一样，发自内心地拒绝接受这一完全能够解释的现象。但是视觉艺术家因一套令人信服的伪科学说辞（其中大部分来自本杰明·韦斯特）而受到困扰，这也能理解，韦斯特错误地称，无论一个人是处理光还是颜料，色彩混合的方式都差不多。最受影响的可能是安吉莉卡·考夫曼，在其《绘画色彩》（1778—1780）中，绘画艺术的化身将其画笔高举至天空，直接浸入彩虹中。

然而，在1810年，随着歌德《颜色论》的出版，这两种本质上不同的色彩混合过程之间的虚假和解宣告结束。早在18世纪90年代初，便有了对牛顿的直接攻击，歌德的论文总结了这些攻击，并基于对绘画和数千种天然矿物的研究得出了结论。

尽管《颜色论》第一本英译本中省略了反对牛顿的争

《特拉华河一景》，
乔治·英尼斯，
1891年，油画

托马斯·莫兰
（1837—1926）
后，路易斯公
司印刷的 20 世
纪 70 年代的黄
石湖

论，但这本书对许多画家产生了深远的影响，包括拉斐尔前派和透纳，还有一些哲学家，如叔本华、维特根斯坦、杰勒德·曼利·霍普金斯等。

长话短说，牛顿提出，物理色要高于个体所感知的生理色或心理色，对此，歌德提出了争议，他回到了自己1772 年所持的立场：人本身只要能合理地运用感官，就是能够存在的最确切的物理仪器。在此基础上，歌德重新提出了长期饱受质疑的亚里士多德观点，即黑暗不仅仅是一种缺席，而是一种与光相等但相反的力量。根据这一观点，蓝色本身并不是光，而是因光的存在而被削弱的一种黑暗。蓝色的对立面，也是唯一一种真正的颜色——黄色，它是因黑暗而被削弱的光。虽然从物理学角度来看甚是荒谬，但是歌德的色彩系统推广了一个六色版本的色轮，与牛顿过于复杂的七色版本不同，六色版本的色轮仍然与当今的视觉艺术息息相关。

《色轮》,歌德
(1749—1832),
1809 年

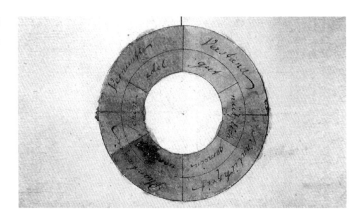

可能是受到歌德思想的启发,在 19 世纪后期,对颜色混合开展了正式的研究,也就是我们现在所了解的加法混合和减分混合的根本区别。如果将光的三个原色混合,将产生白光(正如牛顿所正确认为的那样),而将颜色的原色混合,则将产生黑色或深褐色的颜料(正如每个画家都知道的那样)。牛顿先于点彩派绘画和电视,能够用 4 种不同颜色的粉末颜料,从一个特定距离观察,创造出一种纯净、均匀的白色假象。但是,如果同样的颜料与像油这样的介质混合,同样的实验就不会成功。

在整个 20 世纪,对彩虹的二维描绘不可阻挡地朝着庸俗的方向发展,虽然这是一种"草根"现象,但艺术史家特别提到纽约伍德斯托克的 Klika(在民间艺术和商业制造之间游走,通常被简单地称为"彩虹人")。他在俄亥俄州接受艺术家培训,随后通过书籍,彩虹袖珍艺术品、海报、版画,以及 40 多年来的原创彩虹艺术,包括为纽约现代艺术博物馆制作彩虹艺术卡片,接触了数

百万人。然而，在后彩虹人时代，确实有一些美术师使用
了彩虹。其中之一是约翰·施罗德的画作《彩虹舞者的
寓言》(1975)，画中描述了伊甸园中亚当和夏娃受到的威
胁，"在施罗德想象的世界中，彩虹不仅具有潜在的误导
性和模糊性，而且是有意为之"。但是，最近许多极具想
象力的彩虹艺术作品是雕塑或是动态的人物，这是仿照布
什尔和波普几个世纪前所开创的先河。2012 年夏天，迈克
尔·琼斯·麦基恩的临时艺术作品《彩虹：光与形状之间
的某些原则》在内布拉斯加州奥马哈的贝米斯当代艺术中
心举行了为期 12 周的展览。

维多利亚时代对牛
顿棱镜实验的戏剧
性诠释

《大峡谷的彩虹》，
阿诺德·根特，
1913 年

　　为这一展览，贝米斯当代艺术中心五层楼高的工业仓库进行了大规模的改造，变成了一个完全自给自足的集水和大型蓄水系统。在整个项目周期中，收集和回收的雨水经过过滤后，储存在 6 个相当于 40 000 升的水箱中。在展馆内，一个定制的 45 千瓦泵为安装在 1 900 米屋顶上的 9 个喷嘴提供加压水。每当早晨和傍晚，密集的水墙投射在建筑上方，一道彩虹出现在其中。

　　目前，北加州正在计划进行新一轮工程。

《彩虹：光与形状之间的某些原则》，迈克尔·琼斯·麦基恩，贝米斯当代艺术中心

　　奥拉维尔·埃利亚松也在世界各地创作了彩虹艺术作品，比如《你的彩虹全景》，这是一条 150 米长的彩色环形玻璃走廊，位于丹麦阿罗斯的奥胡斯彩虹美术馆屋顶上。2008 年，他在纽约现代艺术博物馆 PS1 当代艺术中心举办了展览"慢慢来"。这是一系列"沉浸式环境艺术"，致力于探索人们看到事物的认知层面，人造彩虹就是其中之一。

《尼亚加拉的彩虹》，约瑟夫·彭内尔（1857—1926）石印本，1910年

彩虹在非动态雕塑领域中极为罕见，但帕特里克·休斯的版画《倚在风景上》(1979) 似乎代表了一道固体彩虹斜靠在墙上，并投下阴影，从而直接引起人们的关注——彩虹作为一种非物体而存在。这幅作品的明信片图片色彩异常绚烂，额外增加了这幅作品的主要艺术地位。

电影中的彩虹

包含彩虹效果的电影几乎和夜景电影一样常见，这是由于镜头光晕——强光（比如汽车的前照灯）从相机镜头表面反射回来的或从制作镜头的材料内部的杂质或瑕疵反射回来的所形成的现象，人们通常不愿意看到此种现象。使用变焦会加剧这种干扰，镜头涂层和镜头遮光罩有助于减少，但并不能所有情况下完全消除这种反射。尤其对于数码相机来说，通过图像传感器的衍射，也能产生一种独特的彩虹假象。

也许是因为天上的彩虹变化无常，再加上电影制作成本高昂，真正的彩虹很少被写进电影情节。许多电影和电视节目的标题中有"彩虹"一词，也不过只是指现实世界中的地名，或泛指多元文化主义和环保主义等。

毫无疑问，要说一首歌曲为一部电影作品带来的巨变，当属《飞越彩虹》对维克多·弗莱明的《绿野仙踪》

（1900）带来的近乎魔幻的影响。音乐剧改编自莱曼·弗兰克·鲍姆的经典著作《绿野仙踪》，书中写明，绿野仙踪之地就像乔纳森·斯威夫特笔下的小人国、塞缪尔·巴特勒笔下的埃瑞璜，只是世界上的一个国家，通过正常的交通工具就能抵达。事实上，鲍姆第一本书中描述的世界并没有依赖或超越彩虹，它完全没有提到彩虹。尽管严格的颜色特征是这本书的特点，比如居住在这个国家东部的小矮人大多蓝色；它们的西部对手是黄色的温基人……弗莱明的电影取消了奎德林人，把温基人变成了某种像俄罗斯帝国士兵一样的人物，小矮人的周围围绕着彩虹般的颜色。影片还刻画了北方的好女巫格林达（在书中是南方的），在一个颜色不断变化的脉动球中旅行。格林达的球不仅是当时特效的最后一个词，还进一步强调，观众看到

坐在《进化彩虹》壁画前的人

的是彩虹之外的某个地方，而不仅仅是堪萨斯州的边界之外。尽管推动鲍姆创作 13 部《绿野仙踪》续集是因为 1902 年原著的百老汇音乐剧版取得了巨大成功，但那次演出并没有包括任何彩虹，也没有包含威廉·斯利格 1910 年制作的短电影版本。直到第 5 本书《通向奥兹国的路》（1909），才有对彩虹的简要介绍，称其为普林塞萨波斯，是"天空公主"和"云朵精灵"的父亲，并出现在 1913 年舞台剧《小精灵》中，以及鲍姆的后续小说中。但是，很难证明这一相对次要的角色对《飞越彩虹》有所影响，或甚至为其作曲家所知晓。

　　1896 年，埃德加·叶普·哈伯格出生在曼哈顿下城的伊西多尔·霍赫贝格，父母说意第绪语，是俄罗斯人。他长大后成为 20 世纪的主要作词家之一，并在百老汇歌舞剧向 20 世纪 40 年代和 50 年代复杂音乐剧的转变过程中扮演了重要角色。在此过程中，哈伯格写了经久不衰的经典之作《兄弟你能拿出一毛钱吗?》（1932）和《菲尼安的彩虹》（1947），下文将更详细地介绍这两部作品。《飞越彩虹》最终被美国国家艺术基金评为 20 世纪最伟大的唱片，这首歌中，16 岁的朱迪·加兰扮演了一个更年轻的孩子桃乐丝，表达了对一个比大萧条和沙尘暴时代的中西部更美好世界的隐约向往。在看书的同时认真看这部电影后，其中最奇怪的一点是，前者充满了人和动物，而鲍姆 1900 年所在的堪萨斯州并不是这样。这其中一部分原因是电影制作人决定用堪萨斯州相似的人物来双重扮演《绿野仙踪》中的所有主要居民，这是这本书中完全缺乏的"一

在新西兰的马陶里湾，克里斯·布斯为"彩虹勇士"号所创作的纪念碑

切都是一场梦"一部分。然而，最后决定用黑白电影拍摄所有堪萨斯的场景，而用高彩拍摄所有《绿野仙踪》的场景，上述梦想策略被大大削弱，这种自相矛盾让后者（尽管有幻想的夸张的舞台效果）具有更强烈的现实气息。再加上桃乐丝的标志性歌曲，色彩的使用创造了真实旅行的反叙事（在这种情况下，超越了彩虹），如果单独来看，这远比电影的对话更真实地忠于原著。

因为今天看来显而易见的原因，《飞越彩虹》是哈伯格作品中被认为左派作品之一，以至于他在1950年至1962年被众议院非美活动委员会列入黑名单，禁止他离开美国或禁止他在美国工作。然而，使哈伯格被贴上或诽谤为危险的社会主义者的直接导火索是《菲尼安的彩虹》。

《绿野仙踪》音乐剧
海报，约 1902 年

在这部音乐剧中，一个来自虚构的南部密西塔基州的种族
主义参议员，通过移民菲尼安·麦克洛内根从爱尔兰引进
的小妖精魔法，变成了一个黑人。这部音乐剧被认为是百
老汇第一次有种族融合演员的演出，因此在 1947 至 1948
年间共演出了 725 场。

电影版于 1968 年上映，由弗雷德·阿斯泰尔饰演麦克罗纳根，佩图拉·克拉克饰演麦克罗纳根的女儿莎伦，是 20 多岁的弗朗西斯·福特·科波拉执导的首部电影。影片的情节极其离奇，导演风格同《特警队》等各部作品相似，影片以脚痛的麦克罗纳根斯游览美国最具标志性的景点开始，在到达密西塔基的彩虹谷县之前，几乎没有遇到过任何人。

《绿野仙踪》很早就以一种特殊的方式进入了互联网时代，当时有一个广为流传的谣言说平克·弗洛伊德的《月亮之暗面》专辑可以作为 1939 年电影的配乐，也许是故意这样写的。就像大多数神奇的信念一样，这个信念包含了一个基于操作错误的不参与条款，因为没有人能确定米高梅公司的哪一声狮吼是在暗示要放下唱针，让音乐和图面完美同步。但是，无论选择哪一声吼叫，结果都只是温和而有趣。事实上，我从第二首曲目开始以随机播放 CD 版本的专辑，实验结果更有趣，有一个场景，弗洛伊德提到的报童与一个小矮人展开标有"死亡证明"的卷轴完美吻合。总的来说，像平克·弗洛伊德这样经验丰富的音乐家们会故意犯下如此不得当的错误，这似乎令人难以置信。

第六章　流行文化中的彩虹

彩虹的尽头在哪里，在你的灵魂里还是在地平线上？

——巴勃罗·聂鲁达

从 1979 年到 1987 年，维尔纳·图布克创作了世界历史上最大的油画：长超过 120 米，高 14 米，事实上，画幅之大以至于需要建造一个特殊的建筑来容纳。这幅画以 1525 年 5 月 15 日在法兰克尼亚的兰肯豪森附近托马斯·闵采尔领导的农民军队的失败为主题，题为《德国早期资产阶级革命》。除出现在战场上空那道颜色艳丽且角度奇异的巨大彩虹外，这幅画充满了悲观色彩，但本质上是现实的。不出所料，这幅画让那些委托制作的人失望了。要不是因为彩虹的形式，其存在在现实中有一个更为明显的基础。据一位名叫汉斯小屋的战役目击者称，闵采尔告诉他们，这道彩虹象征着一个约定。闵采尔让农民们注意到了彩虹，鼓励他们说："你们现在看到彩虹了，意味着他站在你们这边。"闵采尔继续说，这应该鼓励他们勇敢战斗。

　　但是农民队伍并没有战斗到底，尽管人数超过了召集
起来的专业部队，但是，用大镰刀和连枷武装自己的农民
队伍被彻底击溃，而他们只造成了对方极少数的伤亡。在
托马斯·纳什的著作《不幸的旅客》（1594）中，主人公
杰克·威尔顿在 1535 年被卷入明斯特威斯特伐利亚城市
的围攻中，这座城市已经被激进的人们占领，转变为另一
个政体。纳什的文本也表明，在那里，狂热分子的胜利也

《德国早期资产阶
级革命》，维尔纳·
图布克，约 1976—
1987 年

被彩虹错误预言了，但事实上，他们"被吸入、击倒、射击……人们几乎看不清子弹头，也看不清血淋淋的血肉模糊的躯体……听听这对那些人意味着什么吧"。

　　但是，究竟纳什的《彩虹》是失传了的口头传统的一部分，还是艺术上的自由发挥，抑或只是混淆了明斯特和闵采尔（英文中"munster"与"muntzer"单词拼写接近），这就不得而知了。

托马斯·闵采尔（1489—1525）挥舞着彩虹旗的雕像

变化中的符号：美洲，1600—1960 年

除了当时英国殖民地锡兰（现在的斯里兰卡），彩虹作为国家或准国家象征多在拉丁美洲。人们很容易认为，这是墨西哥和秘鲁 16 世纪初被宗教化的结果，但是根据伯纳贝·柯博在 17 世纪的记载，安第斯山脉的民族在被征服前有自己的纹章体系，其中彩虹尤为突出。事实上，到 17 世纪末，西班牙纹章当局会为那些留在征服者中的贵族绘制盾徽，而彩虹已经成为盾徽上一个受人喜爱的特征。

然而，这并没有削弱彩虹作为安第斯反殖民主义的象征。截至 2006 年，48% 的玻利维亚人赞成采用维帕拉旗（一种象征当地人反抗的彩虹旗）作为"正式的爱国象征"，3 年后，七色版本的彩虹旗正式成为该国的共同旗帜。然而，在过去 100 年中，维帕拉旗至少被创作出 6 个版本，而这只是其中之一。创作的版本中有一个为切·格瓦拉训练的游击队设计，也就是熟知的图帕克·卡塔里。在所有版本的维帕拉旗中，条纹都是斜着的，所以尽管都起源于印加文化，秘鲁库斯科市的水平条纹彩虹旗并不包括在其中。

1938 年，美国军方颁布了一系列防御西半球的"彩虹"计划，最初只向南延伸到巴西的"突出部分"，后来囊括了整个西半球。这一系列计划的名称显然是为了将其与早期两次世界大战期间的单色和双色战略区别开来，例如 1928 年的"红橙"计划，该计划设想了美国独自在四

条战线上对抗不列颠、加拿大、日本和墨西哥的军事行动。"彩虹4号"从未被采用，因为不仅在两次世界大战之间，甚至直到1944年，美国人都缺乏足够的军事执行资源。然而，这个命名法被延伸到了战争时期，当时美国海军提出"金罐子"（一个在1940年5月的计划），派遣110 000人的军队到巴西，对抗那里可能发生的支持轴心国的政变。

　　为什么选择彩虹这一意象作为与拉丁美洲有关的计划，原因尚不明确。

　　然而，美国战争规划师查尔斯·弗隆上校显然对拉丁美洲的历史、经济、地理和文化有全面的了解，因此可能已经熟悉用彩虹象征来南美国家、地区和泛美洲印第安

纳撒尼尔·柯里尔于1856年创作的一幅漫画，画中米勒德·菲尔莫尔和詹姆斯·布坎南被代表西部州和北部州的巨球压着。共和党标语出现在彩虹上

人的团结。这也可以用《中美洲彩虹国家》(1926年，纽约)的影响来解释的，这是一本由皇家地理学会会员华莱士·汤普森写的广受好评的书，他选择把红色与哥斯达黎加的土壤联系在一起，橙色与尼加拉瓜清晨的天空相联系，以及黄色、蓝色和绿色，分别与洪都拉斯、危地马拉和萨尔瓦多的风景相联系。

美国陆军第42"彩虹"步兵师（现在只与东北地区相关）名字的由来原因很明显，因为在1917年组建时，包括了来自全国各地20多个州的优秀的兵团。一些消息来源称，当时分部参谋长道格拉斯·麦克阿瑟因为这种不同寻常的地理分布而建议使用这个名字。

麦克阿瑟从1930年至1937年间担任陆军参谋长，负责广泛的战争计划，他可能是当时战争计划中一系列彩虹

谢里尔上校和安德鲁斯上尉打开林肯纪念碑的彩虹喷泉，1924年10月摄

联盟的幕后推手。早期的徽章将彩虹显示为三色半圆,缩
小为四分之一圆,以纪念在第一次世界大战中牺牲或受伤
的一半部队人员。美国颁发的胜利勋章（从 1992 年 4 月
开始正式发行）,悬挂在一条五色的垂直条纹的双彩虹缎
带上,边缘是紫色,中间是橙色。

Help New York win the right to fly this Flag by helping the

RAINBOW DIVISION

THIRD
LIBERTY LOAN HONOR ROLL
These are the people of the Rainbow Division
who are helping to win the war by investing
in Government Bonds of the Third Liberty Loan

美国财政部授予
的"荣誉旗"，石印，
1917 年

　　在两次世界大战之间，彩虹作为左派象征的复兴也开
始于美国，这有点令人惊讶，"挪亚的遗产？彩虹作为和
平的标志"，则会在本章接下来的部分进行阐述。无论如
何，正如在英国和爱尔兰一样，自 18 世纪后期以来，美
国的乌托邦政治运动一直被指责为"追逐彩虹"，这一论
断可能是基于科学真理。

COL. WM. N. HUGHES JR. RAINBOW DIV.   4931-2

贝恩新闻社上校的照片。小威廉·休斯,带着的第二个或"四分之一圈"版本的彩虹袖标,从半圆修改而成,以代表该团在战争中的伤亡

欧洲,1600—1960 年

在英国,"彩虹"是一个姓氏,其中包括一位名叫托马斯·彩虹的上校,也就是雷恩斯伯勒,17 世纪 40 年代倡导完全平等的平等主义者殉难领袖。同样,要弄清楚历史记录中被称为"彩虹酒馆"或类似的地方是公开的政治

参考，还是科学的参考，或者仅仅是基于店主或常客名字的双关语，是非常困难的。有人认为，托利党桂冠诗人约翰·德莱顿（1631—1700）含蓄地提到了桑德兰伯爵二世。他提到了"各种艾瑞斯"，在德莱顿对维吉尔的翻译中特别"多变"的彩虹女神，但在维吉尔的原文中彩虹女神并不是如此。考虑到彩虹与激进主义的历史联系，德莱顿无疑很熟悉这一点，彩虹的形象便尤其适合辉格党桑德兰。

大约 10 年后，位于伦敦兰开斯特法院圣马丁巷附近的彩虹咖啡屋，成为一个狂热的学术交流中心，主要是法国新教流亡者和英国无神论者之间的交流。尽管他们的兴趣范围从科学、哲学、神学和宗教拓展到新闻、印刷、戏剧和国际象棋，但彩虹咖啡馆活动的效果纯粹是政治方面的，因为所有这些活动都创造出了一种氛围，使启蒙运动的激进思想能够在 18 世纪后期发展起来。哲学家大卫·休谟曾短暂地于 1739 年住在彩虹咖啡馆。鉴于"彩虹小组"的主要哲学精神是怀疑主义，认为真正的知识是无法获得的，即使只是巧合，彩虹主题也是非常恰当的。

1894 年，英国自由党的一个左翼派系在弗利特街的彩虹酒馆第一次会面时，类似的现象也出现过。两个世纪

美国第一次世界大战胜利勋章

纽约上空代表爱国
的彩虹出现在这张
战时海报。查尔
斯·爱德华·钱伯
斯（1883—1941）
的石版画

前，这里曾是印刷商兼书商塞缪尔·斯比德的商店，他于
1666 年因在此发行克伦威尔时代的潜在煽动性作品而被
捕。这个维多利亚时代的团体后来被称为"彩虹圈"，在
他们将场地改到布鲁姆斯伯里广场的一个成员家中后，这
个名字仍沿用了很长时间。这个全是男性的圈子里有未来

1917 年弗兰克·文森特·杜蒙德所作的海报，从呼应格言"粮食将赢得战争"

的工党首相拉姆齐·麦克唐纳、未来的自由党领袖赫伯特·塞缪尔和富有远见的反帝国主义经济学家霍布森。

　　艾布森本人既不是社会主义者也不是共产主义者，却对列宁的思想产生了重大影响。在近 40 年的时间里，这个组织根据自己的规则，在任何特定时段，都只能有 30 名成员，为 20 世纪早期渗透英国社会民主政治的福利意识形态，提供了重要的思想实验室。但在支持还是反对第一次世界大战的问题上，这个组织产生分歧导致分裂，此后再也没有恢复到战前的地位。

　　对彩虹类似的使用在帝国更偏远的地区也可以找到。1876 年，克勒（1832—1918）建造了一个拱廊书店。在其鼎盛时期，这条拱廊能横跨澳大利亚墨尔本两个街区，从伯克街区一直延伸到延伸到柯林斯街区。挂在入口处的彩虹标志代表进步、激进的思想，书店里的书本代表通过消除无知、恐惧和仇恨创造世界和平。

　　在农民战争后的欧洲大陆和其他地方一样，彩虹保留了某些象征意义。然而，直到第一次世界大战后，彩虹才基本上没有了与政治的任何联系。

挪亚的遗产？彩虹：和平的标志，1800—2000 年

　　美国启蒙学者托马斯·潘恩（1737—1809）曾当过消费税军官，他在 1800 年夏天法国革命时期住在法国，他提议，那些未打仗的国家船只在海上挂上与彩虹的颜色相同的旗帜，并按照彩虹出现时的颜色顺序排列。这是他的"战争期间保护中立国商业计划"的核心内容。尽管潘恩

的建议没有被采纳，但被广泛知晓，这可以被认为是第一个作为"和平标志"的现代彩虹旗。

下一次作为和平标志是在 1913 年，当时一个叫詹姆斯·范·柯克的美国卫理公会部长设计了一个繁杂的、坦率地说并不吸引人的"世界和平旗"，由深蓝色背景上一片白色星星组成，旗上一侧叠加了 7 条水平彩虹条纹（最上面是红色的），通过 8 条白色的线条与另一侧的地球图案相连。由于范·柯克的 4 次世界巡回演出和广泛推销，这一设计受到了相当大的关注，旗帜也被世界和平大会正式采用，这个国际组织在 1889 年至第二次世界大战爆发召开了 33 次会议。

1996 年，和平主义者在意大利设计了一面旗帜，由牛顿式彩虹的 7 种颜色组成，最上面是紫罗兰色，再上方是第 8 道白色条纹，大概是对早期休战和投降的相关旗帜表示认可。这个白色条纹后来被叠加的白色单词"pace"取代（意大利语中的"pace"意为"和平"）。1966 年，绿色和平组织在加拿大温哥华成立，弥合了 20 世纪 60 年代的国际和平运动与后来的环境主义之间的分歧，抗议美国在阿拉斯加进行地下核武器试验，因为人们担心这可能会引发地震和海啸。部分源于贵格会的反战原则，以及对不公正和不法行为保持沉默的做法，该组织最初和最著名的策略就是船对船对抗，通常在国际水域。从 1975 年的反核运动到现在的环保运动，绿色和平组织从反捕鲸运动扩展到广泛的生态追求。该组织最著名的远洋船是长 40 米前拖网渔船"彩虹勇士"，该船于 1985 年在新西兰奥克兰被

世界和平旗帜

法国突击队击沉，一名船员丧生。

取而代之的是"彩虹勇士Ⅱ号"带有一个 8 条条纹的七色彩虹标志，最外层的两道条纹都是白色的——这大概是指和平运动的起源，尽管它的名字也源于美洲印第安人克里族的一个特别传说。绿色和平组织广为人知也是最成功的一次干预行动发生在 1996 年。当时，该组织的一群成员占领了壳牌石油公司的海上钻井平台布莱特史帕尔，以防止该平台因有人蓄意让其沉在北大西洋里。据称，将绿色和平组织成员赶出钻井平台的手段之一是不断使用消防水管干扰。这是对近 5 个世纪前弗兰肯豪森战役的一种回应（幸亏没有发生流血事件）。

"突然，高压水炮停止了。我们走到平台上，看看是否发生了什么事。在'牵牛星号'（绿色和平组织的支援舰）上，我们可以看到小身影在周围跳舞。我们不知道发生了什么，直到'牛郎星'通过无线电告诉我们这个好消

2009 年，土耳其海域的"彩虹勇士"

息（壳牌同意不让平台沉没）。在那一刻之后，一道难以置信的彩虹出现在天空中。"

新时期，1969—2000 年

《飞越彩虹》这首歌很可能推动了 8 种颜色彩虹的流行，其中包括艳粉色，青绿色代替了蓝色——1978 年由旧金山艺术家吉尔伯特·贝克创作。在两年内，显然由于没有足够数量的粉红色和青绿色织物，设计被修改为目前的六色设计，最上面是红色，粉红色被省略，宝蓝色取代了靛蓝色和青绿色。1994 年 6 月，贝克设计的六色彩虹旗，长 1.5 公里，高 9 米，创造了当时世界上最长国旗的纪录。9 年后，贝克自己又打破了这个纪录，这次是一条长 2 千米，涵盖了原来八种颜色的旗帜。20 世纪 70 年代末，旧金山一些人对彩虹旗的需求一度非常旺盛，以至于完全供不应求。

一些居民采用了为"国际彩虹女童会"制作的旗帜取代了官方制品。"国际彩虹女童会"是一个为 2 岁至 11 岁的共济会领导组织，该组织于 1922 年在俄克拉荷马州麦卡莱斯特的苏格兰共济会成立，至今仍很活跃。

当时美国广播公司推出《默克与明蒂》，一部由收视率大亨《欢乐时光》改编的情景喜剧，年轻的罗宾·威廉姆斯再次扮演来自欧克蛮的太空外星人莫克。当莫克伪装成人类时，他的标志性服装是一副彩虹色的背带，背带在大众市场上的仿制品迅速在儿童和成年人中流行起来。第二年，《木偶电影》开场时，颇受欢迎的木偶青蛙柯米特（由吉姆·汉森饰演）深情地唱着保罗·威廉姆斯和肯尼思·阿舍尔写的《舞出彩虹》。作为《飞越彩虹》的续集，

彩虹旗装饰加州国会大厦庆祝的"欧伯格菲诉霍奇斯"一案的诉讼结果，2015 年 6 月 26 日

国际彩虹女童会

《舞出彩虹》出人意料地在电台大受欢迎，在美国排行榜前 40 名中保持了近两个月的时间，并获得了奥斯卡奖提名。至少有一个版本的电影海报上有明显的自然主义彩虹。1994 年，一个名叫格雷格和史蒂夫的乐队发行了一首针对儿童的反种族主义歌曲《世界是一道彩虹》，这首歌在北美流行开来；而加州北部的半球形沃尔多隧道，长期以来一直被涂上彩虹图案，在罗宾·威廉姆斯 2014 年去世后，人们发起了一场运动，将其更名为罗宾·威廉姆斯隧道。

衍生产品的爆发

20 世纪 80 年代初，儿童电视节目出现了第一个综合性的儿童产品。1983 年，密苏里州堪萨斯城的霍尔马克卡片公司设计了"彩虹布赖特宇宙"，将电视内容与书籍、洋娃娃、洋娃娃屋家具、游戏、品牌学习用品、拼图、珠宝、化妆品、行李、衣服、毛巾、收音机、灯具甚至自行车结合在一起。情节是由色彩力量的斗争推动的，一个名叫彩虹·布赖特的女孩和带着彩虹尾巴的马——"星光"，对抗由阴影之王以及后来的黑暗公主和墨克韦尔·迪斯马尔带来的黑暗力量。零售商品和内容之间模糊的界限也许可以追溯到 20 世纪 70 年代后期以来《星球大战》动作人物的惊人成功，使霍尔马克的竞争对手美国贺卡公司从 1985 年开始将其现有的爱心熊产品系列改编成系列电视和故事片。每个爱心熊都有象征其个性的"肚子符号"或"肚子徽章"。彩虹点缀在"加油熊"的肚子上，"加油熊"是最初的十个角色之一，所有这些角色都或多或少地起到了守护天使的作用。所有的爱心熊都有心形的鼻子，但欢呼熊不同，尽管她的皮毛是粉红色的，她的心形鼻子是红色的。"小马宝莉"是由美国玩具商孩之宝公司在 1981 年推出的一系列商品（最初叫"我的小马宝莉"），到 1983 年，扩大到了一套"小马宝莉"。1986 年的《小马宝莉》电视系列片的片名一开始就刻在了一道彩虹上，这个名叫云宝黛西的角色在各种媒体中一直很受欢迎，包括自己直接的 DVD 动画长片。

《小马宝莉》还有一款叫《水晶公主小精灵马之消失的彩虹》的电子游戏。《小马宝莉》最新长篇电影《彩虹小马：彩虹摇滚》描述了一个乐队的冒险经历。云宝黛西是乐队的主要吉他手，能够超音速飞行，并用彩虹色的冲击波制造音爆。通过 20 世纪 80 年代及以后，美国此类动画片和其他电视节目的观众都被以彩虹为中心的广告轰炸，特别是全谷物彩虹麦片（以小妖精为主角）和彩虹糖

（"吃定彩虹"）的长期广告大片。以《太空入侵者》而闻名的电子游戏制造商在 1987 年发布了一款名为《彩虹岛》的游戏。

　　在衍生产品世界里，也许最奇怪的兴衰故事要数丽

彩虹仙子角色扮演

莎·弗兰克公司。这家总部位于亚利桑那州的零售商专注
于生产学习用品，据报道，在 1995 年至 2005 年间，与公
司同名的创始人及其丈夫每年平均赚得 1 000 万美元。该
公司被批评为"世界上最糟糕的雇主"和"彩虹的古拉
格"，据称该公司禁止其工人之间的交谈，并秘密录音他们
的电话，对违反其日益怪异规则的惩罚"从谩骂到骂人，
再到尖叫，直至自动终止"。用一群心怀不满的前雇员的话
说，这是一种讽刺，因为他们到处都是彩虹和独角兽。

联盟中的彩虹

　　一般意义上的"和善"与 20 世纪初常说的"多样性中的统一"这一主题完美地融合在一起。当时，非裔美国牧师杰西·杰克逊将自己的美国总统竞选活动称为多民族"彩虹联盟"的产物，这一"联盟"包括残疾人、小农场主、工作的母亲、失业者、年轻人和认为自己受到罗纳德·里根政府政策伤害的任何人。不久，该组织就被命名为"全国彩虹同盟"，现在仍然存在，总部设在芝加哥，在其他八个城市设有分支机构。尽管杰克逊牧师的呼吁在黑人社区之外的影响程度受到质疑，但这场竞选运动本身却被誉为黑人政治史上的一个分水岭事件。也许可以与 1963 年 8 月华盛顿大游行、1965 年选举权法案的通过以

彩虹联盟成员抗议弹劾比尔·克林顿总统，1998 年 12 月

及 1967 年第一届黑人市长的选举不相上下。

胜过其他任何事件，这次活动更确定了彩虹作为跨种族合作和北美左派的象征地位。1992 年，"彩虹联盟"一词在爱尔兰共和国流行起来，并与社会城市化、文化现代化和制度欧洲化相联系，体现在一种新型的民族主义（如果真的如此的话）中，这种民族主义更加肯定和自信，对神职人员的权威持怀疑态度，对表现不佳持克制态度，以及一种相信"内战"各方不再能够应付国家面临的挑战，尤其是大规模失业。

后殖民时期的非洲

让许多人感到厌恶的是，南非少数白人政权在 1980 年使用旧的合作口号"多元统一"，来庆祝该国脱离英国君主制和英联邦 20 周年。1994 年，民主的思想传播到南非，在重新加入英联邦后，这一说法的保留可能在"彩虹人民"和"彩虹国家"的广泛言辞中起到了作用。德斯蒙德·图图和纳尔逊·曼德拉总统分别将"彩虹人民"与"彩虹国家"和多元文化主义与和平的主题巧妙地融合在一起，因此"彩虹人民"和"彩虹国家"开始为大家所知。1994 年，图图开始将南非人称为"彩虹子民"，这一说法既与传统故事有关，也与构成现代南非的多个部落和种族有关。曼德拉借用了这个概念，并做出了一些修改，将这个后种族隔离时代的国家描述为"一个与自身和世界和平相处的彩虹之国"。同年，美国国际开发署在津巴布韦首都哈拉雷召开了一次会议，与会者包括来自非洲所有英语国家以及英国、牙买加和尼泊尔的代表，目的是评估无线电在非洲作为发展工具的潜力。除此之外，这很快促成了尼日利亚广播剧《彩虹城》，聚焦于民主与善政的问题，在播出的头3个月由美国信息服务公司全力赞助。《彩虹城》结合了洋泾浜英语和传统英语，并配以当地或本土谚语、习语和双关语，获得了巨大的成功，并在一个可靠的听众俱乐部网络的支持下，每周在16个电台播出两次，其受欢迎程度似乎在1999年尼日利亚从军事统治到文官统治的相对和平过渡中发挥了很重要的作用。据该剧的一位制片人说，该剧的名字体现了其多样性：

> "大部分情节发生在一个典型的大街区
> 满是破旧的公寓……这里
> 有一群要处理日常生存和相处问题的人。"